T0209485

Plastik in der Umwelt

Elena Hengstmann · Matthias Tamminga

Plastik in der Umwelt

Wo kommt es her, wo geht es hin und
wie wirkt es sich aus?

 Springer

Elena Hengstmann
Hamburg, Deutschland

Matthias Tamminga
Hamburg, Deutschland

„Wir danken unseren Unterstützern:"

Geographische Gesellschaft in Hamburg e. V.

Rüm Hart – Stiftung der Familie Janssen

Zero Waste Hamburg e. V.

ISBN 978-3-662-65863-5   ISBN 978-3-662-65864-2   (eBook)
https://doi.org/10.1007/978-3-662-65864-2

Die Deutsche Nationalbibliothek verzeichnet diese Publikation in der Deutschen Nationalbibliografie; detaillierte bibliografische Daten sind im Internet über http://dnb.d-nb.de abrufbar.

Einbandabbildung: © InsideCreativeHouse/stock.adobe.com
Planung/Lektorat: Sarah Koch
Grafik/Satz: Stephan Meyer
Springer ist ein Imprint der eingetragenen Gesellschaft Springer-Verlag GmbH, DE und ist ein Teil von Springer Nature.
Die Anschrift der Gesellschaft ist: Heidelberger Platz 3, 14197 Berlin, Germany

Vorwort

Das Thema Plastik in der Umwelt beschäftigt uns seit 2014, zuerst als Studierende und später als Wissenschaftler*innen. Forschung in diesem Bereich bedeutet, draußen in der Natur unterwegs zu sein, um Proben zu nehmen oder Geräte zu testen. Weil wissenschaftliche Arbeit „im Feld" häufig spannend aussieht, ist sie auch eine gute Gelegenheit, um mit anderen Menschen ins Gespräch zu kommen. Bei diesen Gesprächen hat uns das große Interesse an unserer Arbeit gleichsam überrascht und erfreut. Fast alle, die uns ansprachen, hatten schon vom Problem der Plastikverschmutzung in der Umwelt gehört, doch nur wenige hatten sich tiefer gehend mit dem Thema beschäftigt. Einen ähnlichen Eindruck erhielten wir, als wir 2019 bei der sogenannten KinderUni Hamburg einen Vortrag zur Frage „Woher kommt das Plastik im Meer?" hielten. Nicht nur das Interesse der Kinder, sondern auch das der Eltern haben wir mit dem Vortrag geweckt. Gleichzeitig wurde uns vor Augen geführt, dass Informationen zur Problematik, die zwar in der Wissenschaft verfügbar sind, zum Teil nicht bis in die Breite der Gesellschaft vorgedrungen waren. Dass dieser Wissenstransfer nicht immer gelungen ist, lag – so zumindest unser Eindruck – auch an einem Mangel an verständlichen Informationsmaterialien.

Die Verschmutzung unserer Umwelt mit Plastik geht uns alle an, denn jeder Mensch nutzt Plastik und wir alle haben nur diesen einen Planeten, den es zu schützen gilt. In der Wissenschaft wird erforscht, wie dieser Schutz gelingen kann. Damit möglichst viele Menschen an solchen Lösungen teilhaben und sie unterstützen können, haben wir dieses Buch geschrieben. Es soll auch für jene verständlich sein, die keine wissenschaftliche Vorbildung haben. Deswegen haben wir uns um eine einfache, klare Sprache bemüht und anschauliche Grafiken entworfen.

Die eigene Forschung verständlich zu erklären, kann für Wissenschaftler*innen eine Herausforderung sein, weil die gewohnten Fachbegriffe hierzu nicht geeignet sind. Diese Erfahrung haben wir selbst auch gemacht. Der Prozess, das scheinbar Komplizierte verständlich auszudrücken, hat uns aber nicht nur herausgefordert, sondern uns vor allem auch viel Spaß und Freude bereitet. Wir hoffen, dass diese Freude auch in unseren Grafiken zum Ausdruck kommt, in die wir besonders viel Arbeit und Herzblut investiert haben.

Ein Projekt, das so umfangreich ist wie das Schreiben dieses Buches, wäre ohne die Unterstützung vieler Menschen nicht denkbar gewesen.

Deshalb danken wir dem Verlag Springer für die stets vertrauensvolle Zusammenarbeit, die dieses Projekt erst möglich gemacht hat. Ein großer Dank gilt insbesondere dem Geographischen Gesellschaft in Hamburg e. V., der Rüm Hart – Stiftung der Familie Janssen, der Stabsstelle Gleichstellung der Universität Hamburg und dem Zero Waste Hamburg e. V., die durch ihre finanzielle Unterstützung die professionelle grafische Überarbeitung unseres Buches möglich gemacht haben. Weil uns das Schreiben in einfachen, klaren Sätzen nicht immer leichtgefallen ist, verdienen unsere Probe- und Korrekturleser, Anni, Gerry und Hannah, Kathryn und Susanne einen besonderen Dank. Danke für eure Mühe und das wertvolle Feedback. Nicht vergessen wollen wir auch unsere Kolleg*innen an der Universität, unsere Familie und Freunde, die uns halfen, diese Herausforderung zu meistern.

Wir hoffen, dass die Leser*innen dieses Buches es mit großem Interesse lesen und sich an den Grafiken erfreuen. Wir wünschen dabei viel Spaß.

Inhalt

Einleitung

Kaum ein Werkstoff ist in der heutigen Zeit so allgegenwärtig wie Plastik. Plastik wird zur Verpackung von Nahrungsmitteln und Medikamenten genutzt, ist in Autos und Flugzeugen verbaut und auch aus Kinderzimmern nicht wegzudenken. Um all diese Anwendungen möglich zu machen, müssen weltweit riesige Mengen an Plastik hergestellt und verarbeitet werden (s. Kapitel 1).

Einige der größten Vorteile von Plastikprodukten, ihre Haltbarkeit und Langlebigkeit, können gleichzeitig zu einem ernst zu nehmenden Problem werden, wenn Plastik nicht vernünftig entsorgt und idealerweise wiederverwendet wird. Plastik, das nicht angemessen entsorgt wird oder bei der Nutzung verloren geht, kann in die Umwelt, also in Gewässer, Böden oder die Luft, gelangen (s. Kapitel 2). Hier kann es über einen langen Zeitraum bleiben und über weite Strecken transportiert werden (s. Kapitel 3). Die Plastikverschmutzung ist deshalb zu einem globalen Problem geworden. Selbst entlegenste Winkel unseres Planeten, wie die Tiefsee oder die Gletscher des Himalayas, sind nicht frei von Plastikmüll.

Plastik in der Umwelt wird nur sehr langsam abgebaut und altert zunächst (s. Kapitel 3). Diese Alterung führt häufig dazu, dass große Plastikobjekte in immer kleinere Plastikpartikel zerfallen. Warum aber stellt Plastik in der Umwelt ein Problem dar? Plastik kann sich schädlich auf die Umwelt auswirken (s. Kapitel 4). Tiere können sich beispielsweise in verloren gegangenen Fischernetzen, die häufig aus Plastik bestehen, verfangen. Außerdem können Tiere Partikel verschlucken und dadurch schädliche Auswirkungen erfahren, wenn das Plastik klein genug ist. Es ist auch erwiesen, dass wir Menschen Plastik zum Beispiel über unsere Nahrung aufnehmen. Ob dadurch ein Risiko für Menschen entsteht und wie hoch dieses ist, wurde bislang aber noch nicht ausreichend erforscht. Auch wenn die Risiken durch die Plastikverschmutzung noch nicht gänzlich bekannt sind, ist es sinnvoll vorzusorgen, anstatt erst dann zu handeln, wenn Schäden nicht mehr zu verhindern sind.

Das Problem der globalen Plastikverschmutzung in Angriff zu nehmen und mit dem Material Plastik nachhaltiger umzugehen, ist eine Aufgabe für die gesamte Gesellschaft (s. Kapitel 5). Je mehr Menschen sich mit dem Thema auseinandersetzen, desto einfacher ist es, ein Umdenken in der Gesellschaft zu erreichen. Damit das gelingt, müssen entscheidende Informationen möglichst viele Menschen erreichen. Mit diesem Buch möchten wir zur Wissensvermittlung beitragen, indem wir den aktuellen Stand der Forschung zum Thema Plastik in der Umwelt zusammenfassen und verständlich aufbereiten, ohne dass ein umfangreiches Vorwissen zur Thematik bei den Leser*innen erforderlich ist.

Der Verweis auf den aktuellen Stand der Forschung ist wichtig, weil er deutlich macht, dass Wissen sich stetig verändert. Forscher*innen ist es bewusst, dass Ergebnisse von heute nicht mit Ergebnissen von morgen identisch sind. Die Wissenschaft erweitert ununterbrochen unser Wissen und stellt dabei auch infrage, was wir vorher zu wissen glaubten. Wenn in diesem Buch Formulierungen wie „erste Untersuchungen", „es könnte sein, dass" oder „es ist wahrscheinlich, dass" auftauchen, können diese als Hinweise gesehen werden, dass sich das dort beschriebene Wissen durch neue Forschung verändern könnte. Generell ist das heutige Wissen zum Thema Plastik in der Umwelt in gewisser Weise begrenzt und die Entwicklung neuer Untersuchungsmethoden und anderer Herangehensweisen können den aktuellen Stand der Forschung schnell ändern. Dies gilt insbesondere für das Feld der Mikroplastikforschung, das noch relativ jung ist und in welchem Methoden stetig weiterentwickelt werden, weitere Aspekte in den Fokus rücken und somit neues Wissen geschaffen wird.

In diesem Buch werden sechs Hauptfragen formuliert und beantwortet, die wichtige Grundlagen für einen Einstieg in das Thema der Umweltverschmutzung durch Plastik vermitteln sollen. Sie lauten:

1. Was ist Plastik?
2. Wie kommt Plastik in die Umwelt?
3. Was passiert mit Plastik in der Umwelt?
4. Welche Folgen kann Plastik in der Umwelt haben?
5. Wie kann Plastik in der Umwelt vermindert werden?
6. Wie kann Plastik in der Umwelt untersucht werden?

Diese Hauptfragen sind wiederum in insgesamt 22 Unterfragen aufgeteilt, um abgegrenzte Themengebiete möglichst übersichtlich zu erklären. Dadurch bietet sich auch ein Einstieg in das Thema über eine bestimmte, an den eigenen Interessen orientierte Frage an. Über die Haupt- und Unterfragen hinaus gibt es eine Reihe von sogenannten Exkursen, in denen spezielle Aspekte im Zusammenhang mit Plastik in der Umwelt tiefer gehend erläutert werden.

Was ist Plastik?

Plastik, auch Kunststoff genannt, ist ein künstliches Material, das heutzutage allgegenwärtig ist. Unter dem Begriff Plastik sind verschiedene Polymere, langkettige Moleküle, zusammengefasst. Diese werden meist aus Erdöl hergestellt. Neben der Herstellung von Plastik werden in diesem Kapitel auch die vielfältigen Nutzungsmöglichkeiten beschrieben, die es für Plastikprodukte gibt. Diese reichen von Verpackungsmaterialien über Produkte im Bauwesen oder im Elektronikbereich bis hin zu Produkten in der Medizin. Nach der Nutzung spielt die Entsorgung des Materials eine große Rolle, um den Eintrag von Plastik in die Umwelt zu verringern. Deswegen wird in diesem Kapitel auch auf das Recycling von Plastikprodukten eingegangen.

1.1 Was sind Kunststoffe und Polymere?

Der Ausdruck Kunststoffe ist ein Sammelbegriff für eine Gruppe künstlicher, also nicht natürlicherweise in der Umwelt vorkommender, Materialien. Plastik ist eigentlich ein umgangssprachliches Ersatzwort für Kunststoff, das vom griechischen Wort plastikē abstammt und in etwa „formbar" bedeutet. Auch im englischen Sprachraum spricht man von „plastics"[1], sodass hier und in den folgenden Kapiteln der Begriff Plastik verwendet wird.

Plastik besteht aus organischen Stoffen. Das heißt, es besteht aus *Molekülen*, die auf Kohlenstoff basieren. Moleküle sind vereinfacht ausgedrückt eine Verbindung aus mindestens zwei Atomen. Atome wiederum sind die kleinsten Bausteine von Stoffen. In der Regel werden die zur Herstellung von Plastik benötigten organischen Stoffe aus *fossilen Quellen*, also zum Beispiel aus Erdöl, gewonnen[2-4]. Der überwiegende Teil des Plastiks, das sich heutzutage im Umlauf befindet, wird also aus nicht-erneuerbaren Rohstoffen hergestellt. Dass sich Plastik trotz dieses Nachteils gegenüber vielen traditionellen Werkstoffen wie Holz oder Glas durchgesetzt hat, liegt an seinen oft vorteilhaften Eigenschaften. Zu diesen zählen zum Beispiel seine Formbarkeit, das geringe Gewicht und seine *Verwitterungsbeständigkeit*[5,6]. Die breiten Einsatzmöglichkeiten von Plastik ergeben sich aus der Vielfältigkeit der einzelnen Verbindungen, aus denen Plastik besteht, den sogenannten *Polymeren*. Der Begriff *Polymer* ist aus dem Griechischen abgeleitet und bedeutet in etwa „vielteilig" (poly = viel und meros = Teil)[6]. Dieser Begriff verweist darauf, dass sich *Polymere* aus sich wiederholenden

Einzelteilen, den sogenannten *Monomeren* (mono = ein oder einzeln), zusammensetzen. Bei Plastik liegen diese *Monomere* in langen Ketten vor, sodass aus einem Einzelteil eine lange Reihe gleicher Teile oder anders ausgedrückt ein *Polymer* entsteht[1,6]. In der Regel werden die Begriffe Kunststoff/Plastik und *Polymere* in der Plastikforschung gleichgesetzt. Dabei muss jedoch beachtet werden, dass *Polymere* auch einen natürlichen Ursprung haben können. Stärke, die von Pflanzen als Energiespeicher verwendet wird, ist ein Beispiel für ein natürliches *Polymer*. Stärke besteht aus einer großen Anzahl miteinander verketteter Zuckermoleküle[3].

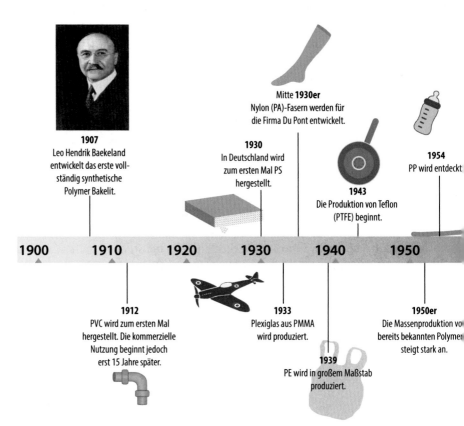

1907
Leo Hendrik Baekeland entwickelt das erste vollständig synthetische Polymer Bakelit.

Mitte **1930er**
Nylon (PA)-Fasern werden für die Firma Du Pont entwickelt.

1930
In Deutschland wird zum ersten Mal PS hergestellt.

1943
Die Produktion von Teflon (PTFE) beginnt.

1954
PP wird entdeckt

1900 1910 1920 1930 1940 1950

1912
PVC wird zum ersten Mal hergestellt. Die kommerzielle Nutzung beginnt jedoch erst 15 Jahre später.

1933
Plexiglas aus PMMA wird produziert.

1939
PE wird in großem Maßstab produziert.

1950er
Die Massenproduktion von bereits bekannten Polymer steigt stark an.

Abbildung 1.1: Anfang des 20. Jahrhunderts wurde mit Bakelit das erste vollständig künstliche *Polymer* entwickelt. In den darauffolgenden Jahren und Jahrzehnten kamen weitere *Polymere* hinzu, die für die unterschiedlichsten Anwendungen genutzt wurden. Dadurch stieg die weltweite Plastikproduktion bis heute an. Auch die Verschmutzung der Umwelt durch Plastik ist Teil von dessen Geschichte. Diese Umweltverschmutzung erfordert Gegenmaßnahmen, die vor allem in den letzten Jahren entwickelt wurden. (Foto Baekeland[8])

Die Entwicklungsgeschichte des Plastiks reicht bis in das 19. Jahrhundert zurück (Abb. 1.1). Das erste kommerziell erfolgreiche und vollständig künstliche Plastikpolymer, *Bakelit*, wurde allerdings erst im Laufe des frühen 20. Jahrhunderts von Leo Hendrik Baekeland entwickelt und nach seinem Erfinder benannt[4,7]. *Bakelit* fand schnell breite Anwendung, zum Beispiel als Isolationsmaterial elektrischer Leitungen. Wichtiger war jedoch, dass der Erfolg von *Bakelit* die Entwicklung weiterer *Polymere* förderte[7]. Vier der heute wichtigsten *Polymergruppen*, nämlich *Polystyrol* (PS, z. B. Styropor), *Polyvinylchlorid* (PVC, z. B. Rohre), die *Polyolefine* (u. a.

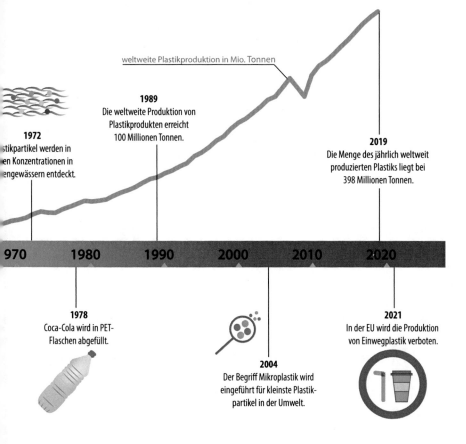

weltweite Plastikproduktion in Mio. Tonnen

1989
Die weltweite Produktion von Plastikprodukten erreicht 100 Millionen Tonnen.

1972
stikpartikel werden in en Konzentrationen in engewässern entdeckt.

2019
Die Menge des jährlich weltweit produzierten Plastiks liegt bei 398 Millionen Tonnen.

970   1980   1990   2000   2010   2020

1978
Coca-Cola wird in PET-Flaschen abgefüllt.

2004
Der Begriff Mikroplastik wird eingeführt für kleinste Plastikpartikel in der Umwelt.

2021
In der EU wird die Produktion von Einwegplastik verboten.

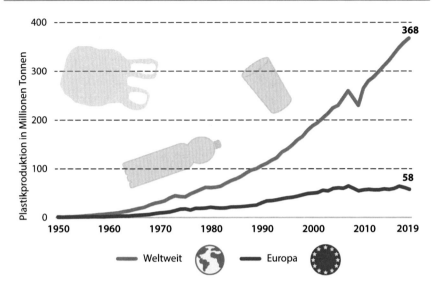

Abbildung 1.2: Die Entwicklung der Plastikproduktion in Europa sowie weltweit hat seit den 1950er-Jahren rasant zugenommen. Das liegt auch an der zunehmenden Vielfalt von Plastikpolymeren, die immer breitere Anwendungsmöglichkeiten von Plastik erlaubten[9,11].

Polyethylen, PE, z. B. Plastiktüten) und *Polymethylmethacrylat* (PMMA, z. B. Plexiglas), wurden in den Jahren zwischen 1930 und 1940 entwickelt[5,7]. Der Ausbruch des Zweiten Weltkriegs führte besonders in den USA zur verstärkten industriellen Herstellung von Plastik. So wurde *PMMA* als Verglasung für Flugzeuge verwendet, die in großen Stückzahlen hergestellt wurden. Darüber hinaus wurden in dieser Zeit weitere bekannte *Polymere* entwickelt, unter ihnen Nylon, ein *Polyamid* (PA, z. B. Strumpfhosen), sowie *Teflon* (Polytetrafluorethylen, PTFE, Bratpfannenbeschichtungen)[5,7].

Nach dem Zweiten Weltkrieg sorgte die Weiterentwicklung der Herstellungsverfahren von Plastik nicht nur für sinkende Kosten, sondern ermöglichte auch breitere Anwendungsmöglichkeiten. Dies verschaffte vielen Plastikmaterialien einen Wettbewerbsvorteil gegenüber den traditionellen Rohstoffen und führte zu einem beschleunigten Anstieg der Produktion[2,7]. Als Mitte der 1950er-Jahre *Polypropylen* (PP, z. B. Babyflaschen) seinen Siegeszug begann, wurden weltweit schon ca. vier Millionen Tonnen Plastik pro Jahr hergestellt[2]. Dies entspricht in etwa dem Gewicht von 400 Pariser Eiffeltürmen. Der gesellschaftliche Wandel hin zu mehr privatem Konsum ließ die Menge des verbrauchten Plastiks in den Folgejahren und

-jahrzehnten weiter ansteigen (Abb. 1.2). Die globale Plastikproduktion erreichte Ende der 1980er-Jahre die 100-Millionen-Tonnen-Marke, während in 2019 insgesamt 368 Millionen Tonnen Plastik produziert wurden[9,10]. Seit 1950 hat sich die Plastikproduktion damit fast verhundertfacht.

Heutzutage existiert eine Vielzahl unterschiedlicher und oft hoch spezialisierter Plastikprodukte. Die globale Nachfrage in Bezug auf die unterschiedlichen *Polymere* wird dabei von *PE, PP, PVC*, PUR *(Polyurethan)*, PET *(Polyethylenterephthalat)* und *PS* dominiert[9] (Abb. 1.3). Zusätzlich werden Mischungen der einzelnen *Polymere* verwendet, um deren positive Eigenschaften zu kombinieren.

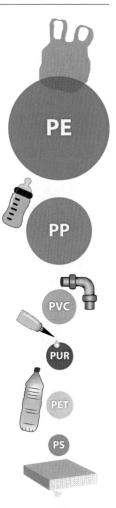

Abbildung 1.3: Heutzutage gibt es eine große Vielfalt an unterschiedlichen *Polymeren*. Die sechs wichtigsten *Polymere* decken einen sehr großen Anteil an der gesamten Nachfrage nach Plastik ab. Je größer ein Kreis ist, desto höher ist die Nachfrage nach dem *Polymer*, der typischerweise in den abgebildeten Anwendungen eingesetzt wird[9].

1.2 Was ist Mikroplastik?

Plastik kann nicht nur nach seinen Eigenschaften oder den *Polymeren*, aus denen es besteht, eingeteilt werden. In der Plastikforschung wird Plastik häufig nach seiner Größe unterschieden und in die Gruppen *Makro-, Meso-, Mikro-* und *Nanoplastik* eingeordnet (Tab. 1.1). Größere Plastikgegenstände, wie Einkaufstüten oder Spielwürfel, werden als *Makro-* oder *Mesoplastik* bezeichnet. Unter diesen Begriffen werden Plastikgegenstände zusammengefasst, die größer als 2,5 cm im Fall von *Makroplastik* oder größer als 5 mm im Fall von *Mesoplastik* sind[12–14]. *Mikroplastik* ist die nächstkleinere Kategorie und beschreibt *Plastikpartikel*, die kleiner als 5 mm sind[14,15]. Winzige Partikel, die kleiner als 1 Mikrometer (μm) und damit nur wenige Nanometer (nm) groß sind, werden als *Nanoplastik* bezeichnet[12,16]. Die beschriebenen Größengrenzen sind zwar geläufig, allerdings gibt es bislang auch noch weitere, abweichende Definitionen.

Während zu Beginn der Plastikforschung der Fokus auf *Makroplastik* lag, wurde *Mikroplastik* mit der Zeit immer relevanter[18] und auch in der Öffentlichkeit zu einem großen Thema. Diese kleinen *Plastikpartikel* werden unterschieden in *primäres und sekundäres Mikroplastik*. Primäres *Mikroplastik* wird schon klein hergestellt, während *sekundäres Mikroplastik* erst im Laufe der Zeit in der Umwelt entsteht. Primäres *Mikroplastik* kommt beispielsweise in Kosmetik vor oder wird in Form von kleinen Kügelchen für die Herstellung von Plastikgegenständen eingesetzt[19]. *Sekundäres Mikroplastik* entsteht durch den Zerfall von *Makroplastik*, das bereits in die Umwelt gelangt ist[20]. Aus einem großen Plastikgegenstand können sehr viele kleine Mikroplastikpartikel entstehen (s. Kapitel 3.2), sodass *Mikroplastik* in der Umwelt noch viel häufiger vorkommt als *Makroplastik*. Aufgrund der geringen Größe sind *Mikroplastik* und auch *Nanoplastik* bioverfügbar. Das bedeutet, dass diese durch Lebewesen aufgenommen werden können. *Mikroplastik* und *Nanoplastik* können daher weitreichende *ökologische* Folgen haben (s. Kapitel 4.1).

Bezeichnung	Größe*	Größenvergleich	Beispiel	Denkbare Risiken für Tiere und Menschen
Makroplastik	≥2,5 cm	größer als eine Haselnuss	Plastiktüte	Verfangen
Mesoplastik	5 mm bis <2,5 cm	Sandkorn bis Haselnuss	Spielwürfel	Verschlucken (z. B. Seevogel)
Mikroplastik	1 µm bis <5 mm	Bakterium bis großes Sandkorn	Peeling-Kugeln	Verschlucken (z. B. Regenwurm)
Nanoplastik	1 nm bis <1 µm	Virus bis kleines Bakterium	Medikamentenzusatz	Eindringen in menschliche Zellen

Tabelle 1.1: Übersicht von Größenkategorien für Plastik[17]. Der Größenvergleich ist als anschauliche Annäherung der Partikelgrößen und nicht als exakte Abgrenzung gedacht.

*häufigste Form der Einteilung

1.3 Wie wird Plastik hergestellt?

Die Herstellung von Plastik basiert in der Regel auf Erdöl oder genau genommen auf Stoffen, die aus Erdöl gewonnen werden. Plastik kann außerdem aus alternativen Rohstoffen produziert werden (s. Kapitel 5.1). An dieser Stelle wird nur die klassische Plastikherstellung aus Erdöl beschrieben.

Anders als der Begriff es vielleicht vermuten lässt, handelt es sich bei Erdöl nicht um einen einzigen Stoff. Vielmehr besteht Erdöl aus einer Vielzahl unterschiedlicher Stoffe, von denen die sogenannten *Kohlenwasserstoffe* die entscheidenden bei der Erdölverarbeitung sind. *Kohlenwasserstoffe* bestehen ausschließlich aus Kohlenstoff- und Wasserstoffatomen, können aber trotzdem eine große Vielfalt unterschiedlicher *Moleküle* und *Molekülketten* bilden[21,22]. Neben diesen *Kohlenwasserstoffen* befinden sich im Erdöl *Sediment*, Wasser oder andere Verunreinigungen. Die Verunreinigungen müssen nach der Förderung und vor der Verarbeitung des Erdöls abgetrennt werden. Zur Raffination, also zur Verarbeitung des Erdöls, wird beispielsweise ein sogenanntes *Cracking*-Verfahren angewendet. Das englische Wort *cracking* bedeutet in etwa spalten und verweist darauf, dass beim

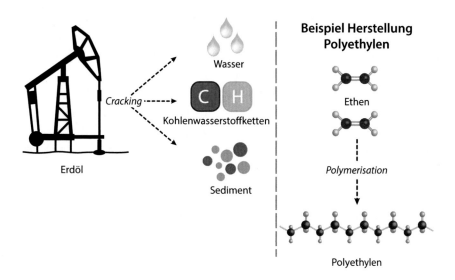

Abbildung 1.4: Der Rohstoff für die Herstellung von Plastik ist Erdöl, das unter anderem *Kohlenwasserstoffe* enthält. Diese werden über das *Cracking* gespalten und anschließend über die *Polymerisation* zu den gewünschten langkettigen *Polymeren* zusammengesetzt.

Cracking längere Kohlenwasserstoffketten aus dem Erdöl, zum Beispiel durch Zugabe von Druck und Temperatur, in kurzkettige *Kohlenwasserstoffe* aufgespalten werden[21]. Das einfachste Bespiel für solch einen kurzkettigen *Kohlenwasserstoff* ist das Gas Ethen, das auch Ethylen genannt wird. Ethen ist der Ausgangsstoff, aus dem *Polyethylen* (PE) hergestellt wird (Abb. 1.4). Anders ausgedrückt bildet das *Monomer* Ethen das *Polymer* PE.

Um aus einzelnen *Monomeren* lange *Polymere* herzustellen, gibt es verschiedene Verfahren, nämlich die Kettenpolymerisation (auch kurz *Polymerisation*), die *Polyaddition* sowie die *Polykondensation*[1,3]. Diese chemischen Verfahren im Detail darzustellen, wäre zu umfangreich, sodass hier nur eine stark vereinfachte Funktionsweise zur Abgrenzung der Verfahren untereinander beschrieben wird. Bei der Kettenpolymerisation wird eine *Kettenreaktion* ausgelöst, in deren Folge sich einzelne *Monomere* verbinden und dabei zunehmend lange Ketten bilden. *Kettenreaktion* bedeutet, dass sich diese Reaktion quasi von alleine fortsetzt, bis keine weiteren *Monomere* zur Reaktion vorhanden sind. Bei der Plastikherstellung wird die *Kettenreaktion* in der Regel durch Zugabe eines anderen Stoffes beendet, wenn die Kohlenwasserstoffketten die gewünschte Länge haben. Bei der *Polyaddition* und der *Polykondensation* passieren gleichzeitig viele unterschiedliche Reaktionen. In diesem Verfahren verbinden sich verschiedene Ausgangsstoffe zu immer größeren Molekülverbänden, die man als eine Vorstufe zum fertigen *Polymer* bezeichnen könnte. Diese „Vorstufen-*Polymere*" werden dann miteinander verbunden, um letztlich die fertigen *Polymere* zu erhalten[21,22].

Fast alle *Polymere* müssen bei ihrer Herstellung noch weiter an den Zweck, zu dem sie genutzt werden sollen, angepasst werden[1,6]. Diese Anpassung wird durch die Ergänzung von Zusatzstoffen erreicht (Abb. 1.5). Diese Zusatzstoffe werden auch *Additive* genannt. *Additive* sind eine große Gruppe von Stoffen, die die Verarbeitung von Plastik erleichtern oder dessen Eigenschaften verbessern sollen. Die Beispiele für verwendete *Additive* sind so vielfältig wie die Einsatzmöglichkeiten für Plastik. Weichmacher sind eine recht bekannte Gruppe von *Additiven*, die in sehr großen Mengen produziert und angewendet werden. Das als Fußbodenbelag bekannte *PVC* beispielsweise ist in seiner Reinform spröde und hart. Weichmacher sorgen dafür, dass aus *PVC* ein elastisches Material werden kann, das dadurch überhaupt erst als Fußbodenbelag geeignet ist. Sogenannte *Stabilisatoren* helfen zu verhindern, dass Plastikgegenstände zum Beispiel durch die *UV-Strahlung* der Sonne spröde werden (s. Kapitel 3.2). Dadurch erhöhen sie deren Lebensdauer[22,23]. Auch seine Farbe erhält Plastik erst durch den Zusatz von farbgebenden Stoffen, den *Pigmenten*. Neben diesen beabsichtigten positiven Eigenschaften können *Additive* auch problematisch werden, wenn sie im Laufe der Lebensspanne eines Plastikprodukts aus diesem herausgelöst werden[24]. Viele *Additive* können negative oder schädliche Auswirkungen auf die Umwelt oder Tiere und Menschen haben (s. Kapitel 4.2)[25,26].

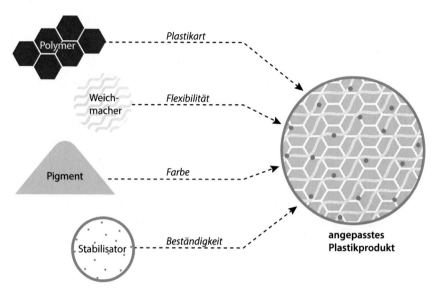

Abbildung 1.5: Bei der Herstellung von Plastikprodukten werden deren Eigenschaften durch *Additive* angepasst. Zusätzlich zum *Polymer* werden zum Beispiel Weichmacher, *Stabilisatoren* oder *Pigmente* hinzugefügt, um das Plastikprodukt flexibler, beständiger oder farbig zu machen.

1.4 Wofür wird Plastik genutzt?

Plastik kann auf unterschiedlichste Weise genutzt werden. Durch die Vorteile gegenüber herkömmlichen Materialien (s. Kapitel 1.1) und seine Vielseitigkeit hat Plastik in den letzten Jahrzehnten zum technologischen Fortschritt beigetragen. Es hat außerdem eine große Bedeutung und Nutzen für die Gesellschaft, zum Beispiel im Gesundheitswesen, und ist heutzutage in unserem Alltag allgegenwärtig[27].

Die Anwendung von Plastikprodukten reicht von der täglich genutzten Zahnbürste über Bauteile in Autos, Schiffen oder Flugzeugen bis hin zu Implantaten in der Medizin. Den größten Anteil der Plastikprodukte in

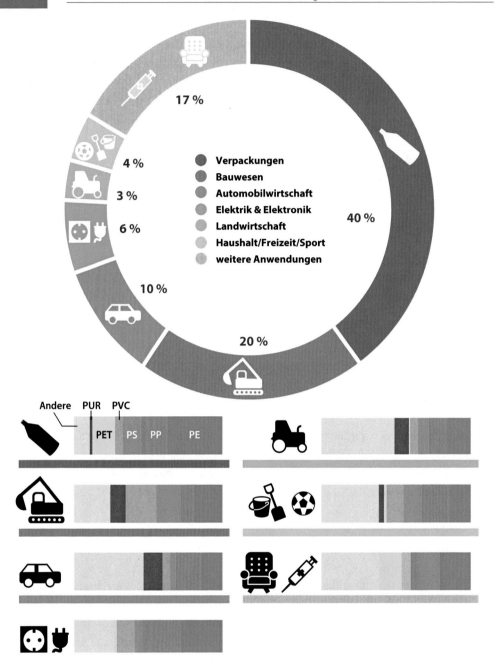

Abbildung 1.6: Verpackungen stellen in Deutschland (hier im Jahr 2018) den deutlich größten Anteil an verwendeten Plastikprodukten dar. Innerhalb der dargestellten Anwendungsgebiete kommen verschiedene *Polymertypen* unterschiedlich häufig zum Einsatz[9].

Europa stellen jedoch Verpackungsmaterialien dar, die vor allem aus den *Polymeren PE, PP* und *PET* hergestellt werden (Abb. 1.6)[9]. Diese eignen sich besonders gut für die Verpackung von Lebensmitteln, da sie unabhängig von der Temperatur ihre Form behalten. *PE* kann außerdem sehr flexibel sein und deswegen als Folie verarbeitet werden[28]. *PP* ist hitzebeständig und kann als Gefäß zur Erwärmung von Lebensmitteln in der Mikrowelle zum Einsatz kommen[29]. *PET*-Flaschen haben Glasflaschen zu einem großen Teil ersetzt, weil sie deutlich leichter und damit einfacher zu transportieren sind[7].

Auch in der Bau- und Automobilindustrie kommen regelmäßig Plastikelemente zum Einsatz (Abb. 1.6). Im Bauwesen werden vor allem *PVC* und *PE* in Form von Rohren, Fensterrahmen oder Böden verarbeitet[9]. Die Langlebigkeit und die Widerstandsfähigkeit sind Vorteile von Plastik im Vergleich zu herkömmlichen Materialien, die im Fall von Metall rosten oder im Fall von Holz faulen können[28]. In Autos findet man Plastikelemente an vielen Stellen, zum Beispiel in Form von Armaturen und Stoßstangen sowie Schläuchen und als Abdeckungen von Leuchten[4,29]. Das geringe Gewicht von Plastik ist hier eine entscheidende Eigenschaft. Durch die Verwendung von Plastikprodukten kann das Gesamtgewicht der Autos und somit auch der Benzinverbrauch reduziert werden[7,30]. Lautsprecherboxen, Stecker und Speicherkartengehäuse sind nur wenige Beispiele für Anwendungen von Plastik in der Elektronikindustrie[29]. Schon zu Beginn der Plastikherstellung wurde festgestellt, dass Plastik sehr gute Isolationseigenschaften aufweist. Daher wird es bis heute auch für die Ummantelung von Kabeln und Leitungen eingesetzt[7]. Im Haushalts-, Freizeit- und Sportbereich kommen vor allem Produkte aus *PP* zum Einsatz[9]. Abfallbehälter, Spielzeug, Schuhsohlen und Sitzschalen in Stadien sind Beispiele für Plastikelemente in diesen Bereichen[29]. *PP* ist neben *PE* auch das wichtigste *Polymer* in der Landwirtschaft[9]. Im Anbau von Obst und Gemüse wird Plastik zum Beispiel für Bewässerungsanlagen, Gewächshäuser oder Netze verwendet, um Bäume und Sträucher zu schützen. Plastikfolien bedecken außerdem Felder, um den Boden darunter zu erwärmen und eine frühere Ernte zu ermöglichen[28]. Neben den hier aufgeführten Hauptanwendungsgebieten wird Plastik auch anderweitig genutzt. Hierzu gehören die Herstellung von Möbeln, die Anwendung als Messinstrumente in der Forschung oder als Produkte in der Medizin[9].

Wie lange Plastikprodukte in den unterschiedlichen Anwendungsbereichen verwendet werden, ist sehr unterschiedlich. Ungefähr die Hälfte des Plastiks wird nur kurzzeitig eingesetzt, häufig sogar nur einmal, und anschließend entsorgt[28,31]. Dazu gehören vor allem Verpackungsmaterialien, Alltagsprodukte oder Folien in der Landwirtschaft[2,31]. Plastikstrohhalme, -tüten, -besteck oder To-go-Becher werden auch als *Einweg-* oder *Wegwerfprodukte* bezeichnet und stehen den *Mehrweg*-Produkten, die wiederverwendet werden können, gegenüber (s. Kapitel 1.5). Die Verwendungsdauer von Textilien und elektronischen Plastikprodukten zum Beispiel ist etwas länger und kann zwischen drei und 15 Jahren variieren[2]. Im Transport- oder Bausektor wird Plastik langfristig verwendet. Hier bleibt es mehrere Jahrzehnte in Autos oder als Rohr in Gebäuden verbaut[2,31].

1.5 Wie wird Plastik entsorgt?

Plastikprodukte werden nach ihrer Benutzung auf unterschiedliche Weise entsorgt bzw. weiterverarbeitet. Einen entscheidenden Unterschied gibt es dabei zwischen den *Einweg-* und *Mehrweg*-Produkten. *Mehrweg*-Produkte zeichnen sich durch eine direkte Wiederverwendbarkeit aus. Das bedeutet, dass sie mehrmals genutzt und meist nur gereinigt werden. PET-Mehrwegflaschen können beispielsweise bis zu 25-mal befüllt und genutzt werden[32]. Im Gegensatz dazu werden *Einweg*-Produkte, wie zum Beispiel Plastiktüten, nach ihrer oft kurzen und einmaligen Benutzung entsorgt, *recycelt* und weiterverarbeitet oder *deponiert*.

Die Gelbe Tonne oder sogenannte Wertstofftonnen sind in Deutschland Sammelpunkte insbesondere für Verpackungen aus Plastik, die nicht mehr gebraucht und daher entsorgt werden. Dieser Müll wird anschließend meist sortiert und in die unterschiedlichen Materialien, aus denen Verpackungen bestehen, wie Kunststoff, Aluminium und Weißblech, getrennt[33]. Der Anteil an reinem Plastikmüll in Deutschland belief sich im Jahr 2019 auf circa 6 Millionen Tonnen[34], was in etwa dem Gewicht von 600 Pariser Eiffeltürmen entspricht. Dieser Kunststoffmüll kann für die Energiegewinnung genutzt, *recycelt* oder alternativ in *Deponien* abgelagert werden[9]. In Deutschland wird weniger als 1 % des Plastikmülls in *Deponien* beseitigt und über 99 % weiterverwertet[34]. Weiterverwertung kann auf der einen Seite eine Verbrennung von Kunststoff zur Gewinnung von Energie bedeuten. Dies geschieht in Müllverbrennungsanlagen oder wenn Plastik als Ersatz für andere Brennstoffe in der Industrie genutzt wird[35]. Kunststoffabfall kann auf der anderen Seite aber auch *stofflich recycelt* werden. In diesem Fall werden entsorgte Plastikprodukte zunächst genauer sortiert, anschließend zerkleinert, gereinigt, getrocknet und dann eingeschmolzen, um sie zu neuen Produkten weiterzuverarbeiten[36]. Außerdem können

Kunststoffe *recycelt* werden, indem sie chemisch in ihre Rohstoffe aufgespalten werden[35]. Diese Rohstoffe, also Öle und Gase, können dann zur erneuten Herstellung von Kunststoffen oder für andere Zwecke genutzt werden.

Für Plastikverpackungen lag der Anteil des *stofflichen Recyclings* in Deutschland 2019 bei 46 %[37]. Von dem sogenannten *Rezyklat*, den *recycelten* Plastikabfällen, werden innerhalb Deutschlands jedoch nur circa 15 % in neue Produkte umgewandelt[28]. Dies hängt unter anderem mit der Vielfalt von Plastikarten und -produkten zusammen. Um hochwertige neue Plastikprodukte herstellen zu können, wird sauberer und einheitlicher Kunststoffmüll benötigt. Die Vielzahl an unterschiedlichen *Polymeren*, die

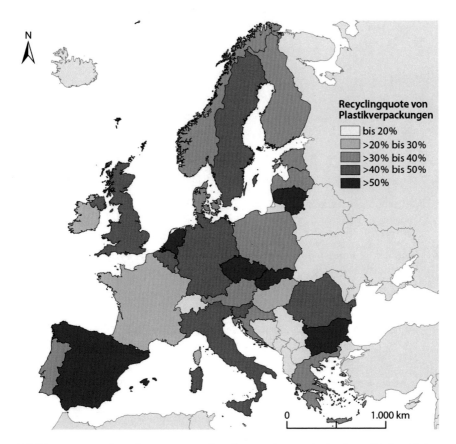

Abbildung 1.7: Die *Recyclingquoten* von Plastikverpackungen in der Europäischen Union unterscheiden sich deutlich (hier im Jahr 2018). Deutschland liegt beim *Recycling* über dem europäischen Durchschnitt von 42 %[37].

Herstellung von Produkten aus einer Mischung von *Polymeren* oder der Zusatz von zum Beispiel Farben erschwert die Trennung in geeignete Recyclingprodukte und somit die Wiederverwendung des Plastiks[36].

Im europäischen Vergleich liegt die *Recyclingquote* von Plastikverpackungen in Deutschland etwas über dem Durchschnitt (Abb. 1.7). Einen höheren Anteil an recyceltem Plastik gibt es beispielsweise in den Niederlanden, in Schweden und Spanien[37]. Im Gegensatz zu Deutschland, wo seit 2005 die *Deponierung* von Siedlungsabfällen verboten ist[38], entsorgen andere europäische Länder, wie Frankreich, Griechenland und Polen, Plastikabfälle noch zu einem erheblichen Anteil auf *Deponien* und erreichen dadurch geringere *Recyclingquoten*[9]. Ähnlich wie in Deutschland ist der Anteil an *recycelten* Plastikverpackungen auch in der Europäischen Union (EU) in den letzten Jahren angestiegen. Während 2008 nur 30 % des Kunststoffabfalls *recycelt* wurden, waren es 42 % im Jahr 2018[37].

Literatur

[1]   McKeen, L. W. Introduction to Plastics and Polymers. In *Film Properties of Plastics and Elastomers*; Elsevier, 2017; pp 1–24. https://doi.org/10.1016/B978-0-12-813292-0.00001-0.

[2]   Geyer, R.; Jambeck, J. R.; Law, K. L. Production, Use, and Fate of All Plastics Ever Made. *Sci. Adv.* 2017, *3* (7), e1700782. https://doi.org/10.1126/sciadv.1700782.

[3]   Koltzenburg, S.; Maskos, M.; Nuyken, O. Einführung und grundlegende Begriffe. In *Polymere: Synthese, Eigenschaften und Anwendungen*; Springer Berlin Heidelberg: Berlin, Heidelberg, 2014; pp 1–18. https://doi.org/10.1007/978-3-642-34773-3_1.

[4]   Schröder, B. *Kunststoffe für Ingenieure*; essentials; Springer Fachmedien Wiesbaden: Wiesbaden, 2014. https://doi.org/10.1007/978-3-658-06399-3.

[5]   Braun, D. *Kleine Geschichte der Kunststoffe*; Carl Hanser Verlag GmbH & Co. KG: München, 2013. https://doi.org/10.3139/9783446436862.

[6]   Eyerer, P.; Wolf, M.-A. Einführung in Polymer Engineering. In *Kunststoffe*; Elsner, P., Eyerer, P., Hirth, T., Hrsg.; Springer Berlin Heidelberg: Berlin, Heidelberg, 2012; pp 1–114. https://doi.org/10.1007/978-3-642-16173-5_1.

[7]   Brydson, J. A. *Plastics Materials*, 7th ed.; Butterworth-Heinemann: Oxford ; Boston, 1999.

[8]   Stadtmuseum Berlin. *Leo Hendrik Baekeland*; Stadtmuseum Berlin, 2022. https://www.stadtmuseum.de/leo-hendrik-baekeland. Zugriff: 27.04.2022.

[9]   PlasticsEurope. Plastics - the Facts 2020. An Analysis of European Plastics Production, Demand and Waste Data., 2020. https://www.plasticseurope.org/de/resources/publications/4312-plastics-facts-2020. Zugriff: 01.10.2021

[10] PlasticsEurope. Daten Und Fakten Zu Kunststoff 2007 Kunststoffproduktion, Verbrauch Und Verwertung in Europa 2007, 2008. https://legacy.plasticseurope.org/de/resources/publications/218-daten-und-fakten-zu-kunststoff-2007. Zugriff: 10.09.2021

[11] PlasticsEurope. Plastics – the Facts 2013. An Analysis of European Latest Plastics Production, Demand and Waste Data, 2013. https://plasticseurope.org/wp-content/uploads/2021/10/2013-Plastics-the-facts.pdf. Zugriff: 28.04.2022

[12] GESAMP. *Sources, Fate and Effects of Microplastics in the Marine Environment: A Global Assessment. Kershaw, P.J. (Hrsg.)*; Rep. Stud. GESAMP; 90; 2015; p 96 pp.

[13] MSFD. Guidance on Monitoring of Marine Litter in European Seas. Marine Strategy Framework Directive, Technical Subgroup on Marine Litter. European Commision, Joint Research Center, Institute for Environment and Sustainability. 2013, *Luxembourg*, 128 pp. https://doi.org/10.2788/99475.

[14] Moore, C. J. Synthetic Polymers in the Marine Environment: A Rapidly Increasing, Long-Term Threat. *Env. Res.* 2008, *108* (2), 131–139. https://doi.org/10.1016/j.envres.2008.07.025.

[15] Arthur, C.; Baker, J.; Bamford, H. *Proceedings of the International Research Workshop on the Occurrence, Effects, and Fate of Microplastic Marine Debris, September 9–11, 2008*; 2009.

[16] Browne, M. A.; Galloway, T.; Thompson, R. Microplastic-an Emerging Contaminant of Potential Concern?: Learned Discourses. *Integr. Environ. Assess. Manag.* 2007, *3* (4), 559–561. https://doi.org/10.1002/ieam.5630030412.

[17] Hartmann, N. B.; Hüffer, T.; Thompson, R. C.; Hassellöv, M.; Verschoor, A.; Daugaard, A. E.; Rist, S.; Karlsson, T.; Brennholt, N.; Cole, M.; Herrling, M. P.; Hess, M. C.; Ivleva, N. P.; Lusher, A. L.; Wagner, M. Are We Speaking the Same Language? Recommendations for a Definition and Categorization Framework for Plastic Debris. *Environ. Sci. Technol.* 2019, *53* (3), 1039–1047. https://doi.org/10.1021/acs.est.8b05297.

[18] Koelmans, A. A.; Besseling, E.; Shim, W. J. Nanoplastics in the Aquatic Environment. Critical Review. In *Marine Anthropogenic Litter*; Bergmann, M., Gutow, L., Klages, M., Hrsg.; Springer International Publishing: Cham, 2015; pp 325–340. https://doi.org/10.1007/978-3-319-16510-3_12.

[19] Rochman, C. M.; Brookson, C.; Bikker, J.; Djuric, N.; Earn, A.; Bucci, K.; Athey, S.; Huntington, A.; McIlwraith, H.; Munno, K.; De Frond, H.; Kolomijeca, A.; Erdle, L.; Grbic, J.; Bayoumi, M.; Borrelle, S. B.; Wu, T.; Santoro, S.; Werbowski, L. M.; Zhu, X.; Giles, R. K.; Hamilton, B. M.; Thaysen, C.; Kaura, A.; Klasios, N.; Ead, L.; Kim, J.; Sherlock, C.; Ho, A.; Hung, C. Rethinking Microplastics as a Diverse Contaminant Suite. *Environ. Toxicol. Chem.* 2019, *38* (4), 703–711. https://doi.org/10.1002/etc.4371.

[20] Lambert, S.; Wagner, M. Microplastics Are Contaminants of Emerging Concern in Freshwater Environments: An Overview. In *Freshwater Microplastics*; Wagner, M., Lambert, S., Hrsg.; The Handbook of Environmental Chemistry; Springer International Publishing: Cham, 2018; Vol. 58, pp 1–23. https://doi.org/10.1007/978-3-319-61615-5_1.

[21] Riley, A. Basics of Polymer Chemistry for Packaging Materials. In *Packaging Technology*; Elsevier, 2012; pp 262–286. https://doi.org/10.1533/9780857095701.2.262.

[22] Abts, G. *Kunststoff-Wissen für Einsteiger*, 3., aktualisierte und erweiterte Auflage.; Hanser: München, 2016.

[23] Scherer, C.; Weber, A.; Lambert, S.; Wagner, M. Interactions of Microplastics with Freshwater Biota. In *Freshwater Microplastics*; Wagner, M., Lambert, S., Hrsg.; The Handbook of Environmental Chemistry; Springer International Publishing: Cham, 2018; Vol. 58, pp 153–180. https://doi.org/10.1007/978-3-319-61615-5_8.

[24] Kühn, S.; Booth, A. M.; Sørensen, L.; van Oyen, A.; van Franeker, J. A. Transfer of Additive Chemicals From Marine Plastic Debris to the Stomach Oil of Northern Fulmars. *Front. Environ. Sci.* 2020, *8*, 138. https://doi.org/10.3389/fenvs.2020.00138.

[25] Galloway, T. S.; Lee, B. P.; Buric, I.; Steele, A. M.; BPA Schools Study Consortium, B. S. S. C.; Kocur, A. L.; Pandeth, A. G.; Harries, L. W. Plastics Additives and Human Health: A Case Study of Bisphenol A (BPA). In *Issues in Environmental Science and Technology*; Harrison, R. M., Hester, R. E., Hrsg.; Royal Society of Chemistry: Cambridge, 2018; pp 131–155. https://doi.org/10.1039/9781788013314-00131.

[26] Liu, W.; Zhao, Y.; Shi, Z.; Li, Z.; Liang, X. Ecotoxicoproteomic Assessment of Microplastics and Plastic Additives in Aquatic Organisms: A Review. *Comparative Biochemistry and Physiology Part D: Genomics and Proteomics* 2020, *36*, 100713. https://doi.org/10.1016/j.cbd.2020.100713.

[27] Andrady, A. L.; Neal, M. A. Applications and Societal Benefits of Plastics. *Phil. Trans. R. Soc. B* 2009, *364* (1526), 1977–1984. https://doi.org/10.1098/rstb.2008.0304.

[28] Heinrich-Böll-Stiftung, Bund für Umwelt und Naturschutz Deutschland, Hrsg. *Plastikatlas: Daten und Fakten über eine Welt voller Kunststoff*, 2. Aufl.; Heinrich-Böll-Stiftung: Berlin, 2019.

[29] Domininghaus, H. *Kunststoffe: Eigenschaften und Anwendungen*; Elsner, P., Eyerer, P., Hirth, T., Hrsg.; Springer Berlin Heidelberg: Berlin, Heidelberg, 2012. https://doi.org/10.1007/978-3-642-16173-5.

[30] Thompson, R. C.; Swan, S. H.; Moore, C. J.; vom Saal, F. S. Our Plastic Age. *Phil. Trans. R. Soc. B* 2009, *364* (1526), 1973–1976. https://doi.org/10.1098/rstb.2009.0054.

[31] Hopewell, J.; Dvorak, R.; Kosior, E. Plastics Recycling: Challenges and Opportunities. *Phil. Trans. R. Soc. B* 2009, *364* (1526), 2115–2126. https://doi.org/10.1098/rstb.2008.0311.

[32] Wöhrle, D. Kunststoffe: Wichtige Werkstoffe unserer Zeit. *Chem. Unserer Zeit* 2019, *53* (1), 50–64. https://doi.org/10.1002/ciuz.201800752.

[33] NABU. Wege Unseres Hausmülls. Infografik. *NABU*, 2021. https://www.nabu.de/umwelt-und-ressourcen/abfall-und-recycling/20810.html. Zugriff: 14.12.2021.

[34] Conversio Market & Strategy GmbH. Stoffstrombild Kunststoffe in Deutschland 2019. Kurzfassung Der Conversio Studie., 2020. https://www.vci.de/ergaenzende-downloads/kurzfassung-stoffstrombild-kunststoffe-2019.pdf. Zugriff: 28.04.2022.

[35] Cieplik, S.; Schlotter, U.; Meyer, S.; Wittstock, K. Verwertung von Kunststoffen. In *Lechner, Gehrke, Nordmeier - Makromolekulare Chemie*; Seiffert, S., Kummerlöwe, C., Vennemann, N., Hrsg.; Springer Berlin Heidelberg: Berlin, Heidelberg, 2020; pp 811–844. https://doi.org/10.1007/978-3-662-61109-8_6.

[36] Shen, L.; Worrell, E. Plastic Recycling. In *Handbook of Recycling*; Elsevier, 2014; pp 179–190. https://doi.org/10.1016/B978-0-12-396459-5.00013-1.

[37] EUROSTAT. Recyclingquoten Für Verpackungsabfälle Zur Überwachung Der Einhaltung von Politischen Zielen, Aufgeschlüsselt Nach Verpackungsart, 2021. https://ec.europa.eu/eurostat/databrowser/product/page/ENV_WASPACR$DEFAULT-VIEW. Zugriff: 26.10.2021.

[38] Bundesministerium für Umwelt, Naturschutz, nukleare Sicherheit und Verbraucherschutz. *Bundesrat Macht Weg Für Plastiktütenverbot Frei*; Pressemitteilung 237/20; 2020. https://www.bmuv.de/pressemitteilung/verbot-der-muelldeponierung-tritt-puenktlich-in-kraft. Zugriff: 14.12.2021.

Wie kommt Plastik in die Umwelt?

Plastik kann auf mehreren Wegen in die Umwelt gelangen. Die Quellen werden in die *terrestrischen*, also von Land kommenden, und die *marinen*, auf See eingetragenen, Quellen unterschieden. An Land spielt der Verkehr und der damit zusammenhängende Reifenabrieb die größte Rolle. Im Gegensatz dazu sind es auf dem Meer vor allem die Fischerei und Schifffahrt, die für einen Eintrag von Plastik in die Umwelt sorgen. Dieses Kapitel stellt nicht nur die vielfältigen Quellen für Plastikverschmutzung dar, sondern beschreibt außerdem die Behandlung von Abwässern in Bezug auf die Entfernung von *Mikroplastik*.

2.1 Was sind terrestrische Quellen für Plastik?

Terrestrische, also landbezogene, Quellen für Plastik in der Umwelt betreffen alle menschlichen Betätigungsfelder und sind damit sehr vielfältig. Es lassen sich sechs Hauptbereiche mit Plastikemissionen (= Freisetzung) abgrenzen[1]. Diese sind der Verkehr, das Leben und Wirken der Bevölkerung,

Abbildung 2.1: *Terrestrische* Quellen für Plastik sind neben dem Verkehr vor allem Siedlungen. Außerdem spielen Baustellen und die plastikproduzierende Industrie ebenso eine bedeutende Rolle wie Einträge aus der Landwirtschaft und aus Freizeitmöglichkeiten.

das produzierende Gewerbe bzw. die Industrie, die Landwirtschaft, Baustellen sowie Freizeit- und Sportaktivitäten und die dazu dienenden Anlagen (Abb. 2.1). Exakte Mengenangaben für Plastik, das in diesen Bereichen in die Umwelt gelangt, liegen nicht vor. Mithilfe von *Modellen* und ersten Untersuchungen wurden Schätzungen zu den Eintragsmengen entwickelt[1].

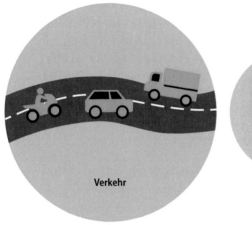

Abbildung 2.2: *Mikroplastik* gelangt auf vielen Wegen in die Umwelt. Reifenabrieb im Verkehr gilt als Haupteintragspfad für *Mikroplastik* an Land. Darüber hinaus tragen auch private Haushalte, zum Beispiel durch das Waschen synthetischer Kleidung, sowie die Industrie dazu bei, dass *Mikroplastik* in die Umwelt gelangt[1].

Laut aktuellen Untersuchungen macht der Verkehr den größten Anteil von Plastikemissionen an Land aus (Abb. 2.2). Dabei spielt der Abrieb von Partikeln von Auto-, Lkw- oder Motorradreifen auf der Fahrbahn eine entscheidende Rolle[1]. Partikel können durch den Kontakt zur Straße von der Oberfläche von Fahrzeugreifen abgerieben werden und sich dann mit Fahrbahnmaterial zu *Konglomeraten* (= Gemischen) verbinden und/oder durch den fortlaufenden Verkehr zerrieben werden. Von den Fahrbahnen kann dieser Reifenabrieb bei Regen in die Abwassersysteme oder direkt in Gräben, Bäche oder Flüsse gespült werden. Außerdem gilt der Ladungsverlust beim Transport von Rohstoffen, Zwischen- oder Endprodukten der plastikverarbeitenden Industrie als weitere verkehrsbezogene Quelle für Plastik in der Umwelt.

Eine große Aufmerksamkeit in den Medien erhielt bisher der Eintrag von Plastik durch Privathaushalte. Diese stellen die wichtigste Eintragsquelle nach dem Verkehr dar. Der Verlust von (Mikro-)Fasern beim Waschen synthetischer Kleidungsstücke ist dabei nur ein möglicher Eintragspfad. Auch das Waschmittel, die Kosmetika im Bad oder die Putzmittel im Schrank können Plastik – in der Regel *Mikroplastik* – enthalten. Diese Produkte gelangen nach der Benutzung unmittelbar ins Abwasser (s. Exkurs). Welcher Anteil des darin enthaltenen Plastiks letztendlich in die Umwelt gelangt, ist von der Reinigungsleistung der Kläranlagen abhängig[2]. Darüber hinaus gibt es aktuell kein Verfahren, das *flüssige Polymere* verlässlich aus dem Abwasser entfernen kann. *Flüssige Polymere* können beispielsweise in Duschgels enthalten sein. Es wird davon ausgegangen, dass gerade

Exkurs: Wie wird Abwasser in Deutschland behandelt?

Abwässer stellen einen wichtigen Pfad dar, über den Plastik und insbesondere *Mikroplastik* in die Umwelt gelangen können. In Deutschland haben Kläranlagen, die für die Reinigung von Abwässern zuständig sind, in der Regel drei Stufen. Um Verschmutzungen aus dem Abwasser zu entfernen, werden eine mechanische, eine biologische und eine chemische Reinigung durchgeführt[5]. Diese Techniken sind in der Lage, einen Großteil (oft mehr als 90 %) des anfallenden *Mikroplastiks* zu entfernen[6,7]. Vor dem Hintergrund, dass Kläranlagen in Deutschland das Abwasser von rund 80 Millionen Menschen sowie der Industrie und Landwirtschaft reinigen, reicht auch der kleine Anteil des verbleibenden Plastiks aus, damit Kläranlagen einen wichtigen Eintragspfad für Plastik in der Umwelt darstellen. Auch das in der Kläranlage zurückgehaltene Plastik kann in die Umwelt gelangen. Ein Teil des anfallenden *Klärschlamms* wird in der Landwirtschaft als Dünger eingesetzt. Mit diesem Schlamm wird auch das darin enthaltene Plastik auf Feldern und Wiesen verteilt[8]. In Deutschland wurden 2020 fast 260 Millionen Tonnen *Klärschlamm* in der Landwirtschaft genutzt[9].

Anders als Abwasser fließt Regenwasser zum Teil ohne Behandlung oder nach der Reinigung mithilfe von zum Beispiel *Sand- und Kiesfilterflächen* in Flüsse und Seen. Zusammen mit dem Regenwasser kann *Mikroplastik* in die natürlichen Gewässer eingetragen werden. Außerdem können sogenannte Überlaufschwellen einen Eintragspfad für *Mikroplastik* in die Umwelt darstellen. Bei großen Regenmengen wird der Überlauf der Kanalisation direkt in natürliche Gewässer eingeleitet, um Straßenüberflutungen zu vermeiden[10].

diese Gruppe künstlicher *Polymere* große Umweltrisiken hervorruft[1] (s. Kapitel 5.4).

Die Produktion und Verarbeitung von Kunststoffen im industriellen Maßstab kann auch zu einem Eintrag von Plastik in die Umwelt führen. Allein der Verlust sogenannter industrieller Plastikpellets (= kleine Plastikkügelchen zur Herstellung von Plastikprodukten) trägt rund 5 % zum gesamten Eintrag von *primärem Mikroplastik* in Deutschland bei. Außerdem sind der Abrieb von Kunststoffoberflächen im Industriegewerbe und der Einsatz industrieller, kunststoffbasierter Schleifmittel von Bedeutung[1].

Als Verpackungsmaterial oder Dämm- und Baustoff, aber auch als Werkzeug wird Plastik im Bauwesen verwendet. Durch den Verlust von Material, wie bei Bruchstücken von Dämmmaterial, durch Abrieb bei der Verarbeitung von Kunststoffen oder bei Abbrucharbeiten kann Plastik in die Umwelt eingetragen werden.

In der Landwirtschaft kommt eine Vielzahl unterschiedlicher Plastikarten zum Einsatz (s. Kapitel 1.4). Der Einsatz sogenannter Mulchfolien ist zum Beispiel aus dem Spargelanbau bekannt. Diese Folien bestehen häufig aus dem extrem stabilen sowie nicht *biologisch abbaubaren* Kunststoff *Polyethylen*[3]. Aufgrund umweltbedingter Einflüsse wie Wetterereignissen, zum Beispiel Hagelschauern oder der *UV-Strahlung* der Sonne, können Mulchfolien *degradieren* (= altern) und in der Folge ihre Stabilität verlieren und *fragmentieren*. Das bedeutet, sie zerfallen. Diese *Fragmentierung* führt dazu, dass zumindest ein Teil der Plastikfolie auf dem Feld verbleibt. Auch in privaten Gärten kann Plastik freigesetzt werden, wenn gekaufter Kompost verwendet wird. Plastik kann aus dem dafür häufig genutzten Grünabfall nur unzureichend entfernt werden. Außerdem ist nach den gesetzlichen Vorgaben ein gewisser Anteil von Plastik im Kompost erlaubt[4].

Kunststoffe sind auch im Bereich der Freizeitgestaltung allgegenwärtig. Die zunehmende Nutzung von Kunstrasenplätzen spielt dabei eine besondere Rolle[1]. Kunstrasenplätze bestehen in der Regel aus verschiedenen Kunstfasern, die auf einem Kunststoffboden verankert und deren Zwischenräume mit einem Gummigranulat gefüllt sind. Durch Wind und Wetter gelangt im Laufe der Zeit Granulat in die Umwelt und muss regelmäßig aufgefüllt werden[11]. Weitere Eintragspfade in dem Bereich Freizeit und Sport stellen der Abrieb von Plastik von Schuhsohlen, aber auch von Booten oder Surfbrettern im Falle des Wassersports dar. Dies sind nur einige Beispiele für mögliche Quellen für Plastik bei der Freizeitgestaltung. Letztendlich kann dieses Material überall dort freigesetzt werden, wo es auch eingesetzt wird.

2.2　Was sind marine Quellen für Plastik?

Die Menge an Plastik, die vom Land in die Ozeane gelangt, ist wahrscheinlich deutlich größer als die Menge, die direkt auf dem Meer eingetragen wird[12]. Trotzdem sollten diese sogenannten *marinen* Quellen, die vor allem auf die Schifffahrts- und Fischereiaktivitäten zurückzuführen sind, erwähnt werden. Auch Öl- und Gasplattformen sowie Aquakulturen stellen Eintragspfade für Plastik auf dem Meer dar (Abb. 2.3)[13].

Die für die Fischerei benötigten Arbeitsmaterialien, wie Angelleinen, Fischernetze oder Fangkörbe, wurden früher aus natürlichen Rohstoffen wie zum Beispiel Baumwolle hergestellt. Heutzutage ist Plastik, aufgrund seiner Eigenschaften (s. Kapitel 1.1), auch in der Fischerei allgegenwärtig und die genannten Arbeitsmaterialien werden meist aus Kunststoffen hergestellt. Beim Fischen gehen immer wieder Teile von Netzen oder komplette Netze verloren, es werden Reusen nicht eingesammelt oder Angelleinen reißen. Dadurch können diese Gegenstände nicht fachgerecht entsorgt werden, sondern bleiben im Meer zurück und können dort ein Risiko für Tiere darstellen, zum Beispiel durch das sogenannte „Ghost Fishing" (= Geisterfischen, s. Kapitel 4.1)[14].

Nicht nur Fischerboote sind auf allen Meeren der Welt unterwegs, sondern auch Container- und Kreuzfahrtschiffe, Fähren und Freizeitboote legen zum Teil große Strecken zurück (Abb. 2.4). Insbesondere in Küsten-

Abbildung 2.3: *Marine* Quellen für Plastik sind vielfältig und betreffen sowohl versehentliche Einträge als auch die beabsichtigte Entsorgung von Müll. Die Schifffahrt, Fischereiaktivität sowie Öl- und Gasplattformen stellen wichtige Eintragspfade dar.

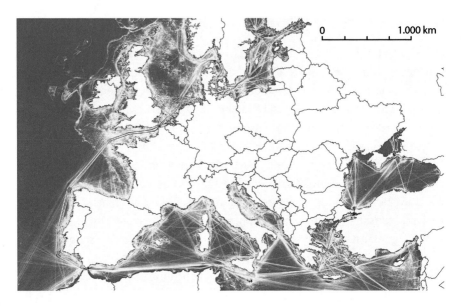

Abbildung 2.4: Der Schiffsverkehr in Europa (hier im Jahr 2020) wird über ein automatisches Identifikationssystem erfasst, das die Wege von bestimmten Schiffen nachverfolgen kann. Die roten Bereiche sind Regionen mit hoher Schifffahrtsdichte, während in den blauen Bereichen kaum Schifffahrt stattfindet. (Datenquelle[15])

nähe sind viele Schiffe zu finden. Es ist nicht verwunderlich, dass bei so vielen Schiffen auf den Meeren auch Müll, unter anderem Plastikmüll, anfällt. 1978 ist ein Abkommen in Kraft getreten, das die Verschmutzung der Ozeane durch die Schifffahrt und das Abladen von Abfall auf dem Meer regelt *(MARPOL 73/78 – Annex V)*. Darin ist das Entsorgen von Plastik auf dem Meer seit 1988 verboten. Vor diesem Verbot war dies eine der Hauptquellen für Plastik im Meer[16]. Auch heute, trotz Verbot, kommt das Abladen von Müll auf dem Meer immer noch vor, da es schwierig ist, die Einhaltung des Abkommens zu überwachen[16,17].

Ebenso führt der Verlust von Ladung von Containerschiffen dazu, dass Plastik in die Meere gelangt. Gerät ein Containerschiff auf dem offenen Meer in einen Sturm, können sich Container lösen und über Bord gehen. Im Winter 2019 kam es auf der Nordsee zu solch einem Zwischenfall: Mehrere Hundert Container fielen während eines Sturms von Bord. Zum Teil enthielten die Container Plastikprodukte und öffneten sich im Wasser. Spielzeug und andere Inhalte wurden heraus- und zum Teil an den niederländischen Küsten sogar wieder angespült (Quelle: „Frachtschiff verliert Hunderte Container in der Nordsee", SZ.de vom 02.01.2019).

Literatur

[1] Bertling, J.; Hamann, L.; Bertling, R. Kunststoffe in Der Umwelt. 2018. https://doi.org/10.24406/UMSICHT-N-497117.

[2] Bertling, J.; Hamann, L.; Hiebel, M. Mikroplastik Und Synthetische Polymere in Kosmetikprodukten Sowie Wasch-, Putz- Und Reinigungsmitteln. 2018. https://doi.org/10.24406/UMSICHT-N-490773.

[3] Steinmetz, Z.; Wollmann, C.; Schaefer, M.; Buchmann, C.; David, J.; Tröger, J.; Muñoz, K.; Frör, O.; Schaumann, G. E. Plastic Mulching in Agriculture. Trading Short-Term Agronomic Benefits for Long-Term Soil Degradation? *Sci. Total Environ.* 2016, *550*, 690–705. https://doi.org/10.1016/j.scitotenv.2016.01.153.

[4] Weithmann, N.; Möller, J. N.; Löder, M. G. J.; Piehl, S.; Laforsch, C.; Freitag, R. Organic Fertilizer as a Vehicle for the Entry of Microplastic into the Environment. *Sci. Adv.* 2018, *4* (4), eaap8060. https://doi.org/10.1126/sciadv.aap8060.

[5] Bundesverband der Energie- und Wasserwirtschaft e. V.; Statistisches Bundesamt. *Abwasserdaten Deutschland – Strukturdaten Der Abwasserentsorgung*; 2019. https://www.bdew.de/media/documents/Ansicht_bdew_broschuere_abwasserdaten.pdf. Zugriff: 02.02.2022

[6] Talvitie, J.; Mikola, A.; Setälä, O.; Heinonen, M.; Koistinen, A. How Well Is Microlitter Purified from Wastewater? – A Detailed Study on the Stepwise Removal of Microlitter in a Tertiary Level Wastewater Treatment Plant. *Water Res.* 2017, *109*, 164–172. https://doi.org/10.1016/j.watres.2016.11.046.

[7] Edo, C.; González-Pleiter, M.; Leganés, F.; Fernández-Piñas, F.; Rosal, R. Fate of Microplastics in Wastewater Treatment Plants and Their Environmental Dispersion with Effluent and Sludge. *Environ. Pollut.* 2020, *259*, 113837. https://doi.org/10.1016/j.envpol.2019.113837.

[8] Mintenig, S. M.; Int-Veen, I.; Löder, M. G. J.; Primpke, S.; Gerdts, G. Identification of Microplastic in Effluents of Waste Water Treatment Plants Using Focal Plane Array-Based Micro-Fourier-Transform Infrared Imaging. *Water Res.* 2017, *108*, 365–372. https://doi.org/10.1016/j.watres.2016.11.015.

[9] Statistisches Bundesamt. *Wasserwirtschaft: Klärschlammentsorgung Aus Der Öffentlichen Abwasserbehandlung*, 2022. https://www.destatis.de/DE/Themen/Gesellschaft-Umwelt/Umwelt/Wasserwirtschaft/Tabellen/ks-014-klaerschlamm-verwert-art-2020.html. Zugriff: 02.02.2022.

[10] Behörde für Umwelt, Klima, Energie und Agrarwirtschaft. *Beseitigung von Kommunalem Abwasser. Lagebericht Hamburg 2020.*; Hamburg, 2021; p 7. https://www.hamburg.de/contentblob/15265996/3aba8869d5b6caaf82dc28c1e0827b9e/data/lagebericht-2020.pdf. Zugriff: 02.02.2022.

[11] Magnusson, K.; Eliasson, K.; Fråne, A.; Haikonen, K.; Hultén, J.; Olshammar, M.; Stadmark, J.; Voisin, A. *Swedish Sources and Pathways for Microplastics to the Marine Environment – A Review of Existing Data*; C 183; IVL Swedish Environmental Research Institute, 2016.

[12] STAP. *Marine Debris as a Global Environmental Problem: Introducing a Solutions Based Framework Focused on Plastic. A STAP Information Document.*; STAP: Washington, DC, 2011.

[13] GESAMP. *Proceedings of the GESAMP International Workshop on Micro-Plastic Particles as a Vector in Transporting Persistent, Bio-Accumulating and Toxic Substances in the Oceans.*; GESAMP Reports and Studies 82; GESAMP, 2010; p 68.

[14] Jeftic, L.; Sheavly, S. B.; Adler, E.; Meith, N. *Marine Litter: A Global Challenge*; Regional Seas, United Nations Environment Programme: Nairobi, Kenya, 2009.

[15] European Marine Observation and Data Network. EMODnet Human Activities, Vessel Density Map, 2022. https://www.emodnet-humanactivities.eu/search-results.php?dataname=Vessel+Density+. Zugriff: 02.02.2022.

[16] Hagen, P. E. The International Community Confronts PlasticsPollution from Ships: MARPOL Annex V and TheProblem That Won't Go Away. *American University International Law Review* 1990, 5 (2), 425–496.

[17] Derraik, J. G. B. The Pollution of the Marine Environment by Plastic Debris: A Review. *Mar. Pollut. Bull.* 2002, *44* (9), 842–852. https://doi.org/10.1016/S0025-326X(02)00220-5.

Was passiert mit Plastik in der Umwelt?

Plastik in der Umwelt bleibt nicht an einem Ort, sondern wird transportiert, sammelt sich an gewissen Orten an und verändert sich dabei. Viele verschiedene Transportprozesse haben Einfluss auf die Verteilung von Plastik in der Umwelt und werden in diesem Kapitel genauer beschrieben. Sie führen dazu, dass sich Plastik an einigen Orten, wie am Meeresgrund oder in landwirtschaftlichen Böden, vermehrt ansammelt. Auch die Prozesse, die zu einer Veränderung und der Alterung von Plastik in der Umwelt führen, werden hier dargestellt. Dazu gehören *abiotische* und *biotische* Abbauweisen, die sich wiederum in speziellere Prozesse einteilen lassen.

3.1 Wie wird Plastik transportiert?

Plastik in der Umwelt wird auf unterschiedliche Arten transportiert, bevor es an einem Ort verbleibt und dort *akkumuliert* (= sich ansammelt). Dabei spielen verschiedene Transportmittel, wie Wind, Wasser und Organismen, eine entscheidende Rolle (s. Abb. 3.1).

An Land kann Plastik vom Wind bewegt werden. Ob und wie schnell Plastik vom Wind mitgenommen wird, ist zum einen von der Windstärke abhängig[1] und zum anderen von Eigenschaften des Plastiks. Kleine und leichte *Plastikpartikel*, genauso wie Fasern, lassen sich leichter vom Wind transportieren als große Plastikobjekte[2,3].

Außerdem hängt der Transport durch Wind immer auch von der sogenannten *Rauigkeit* der Bodenoberfläche ab. Die *Rauigkeit* auf einem Feld ist beispielsweise geringer als im Wald, weil die Bäume dem Wind Widerstand bieten[4]. Das bedeutet, dass Plastik auf Feldern leichter durch Wind transportiert werden kann als Plastik, das geschützt im Wald liegt. Vom Wind transportiertes Plastik wird in die Luft gewirbelt und kann dabei große Höhen erreichen. Dadurch gelangt es in die Atmosphäre, die Luftschicht, die unsere Erde umgibt[5]. Hier ist die Luft ständig in Bewegung und mit ihr die kleinen *Plastikpartikel*. Wenn es regnet, können die *Plastikpartikel* mit den Regentropfen an anderer Stelle zurück auf den Boden oder direkt ins Meer gelangen[6].

Außerdem kann Plastik an Land über den sogenannten *Oberflächenabfluss* in Gewässer eingetragen werden[7]. *Oberflächenabfluss* entsteht beispielsweise, wenn der Boden bei starkem Regen kein Wasser mehr aufnehmen und dieses damit nicht versickern kann. Stattdessen fließt das Wasser

Abbildung 3.1: Die Transportwege für Plastik sind vielfältig. Wind kann *Plastikpartikel* bis in die Atmosphäre transportieren. Regen kann das in der Atmosphäre gesammelte Plastik zurück zur Erdoberfläche befördern. Neben dem Transport von Plastik vom Land ins Meer über *Fließgewässer* spielt der Einfluss von Wellen und Oberflächenströmungen im Meer eine Rolle. Auch Lebewesen können ein Transportmedium für Plastik darstellen.

auf der Oberfläche des Bodens in Gewässer, wie Bäche und Flüsse. Über kleine Bäche wiederum wird das Plastik in größere Flüsse befördert. Abhängig von ihrer Größe und *Dichte* können *Plastikpartikel* mit dem Wasser transportiert werden oder auf den Grund sinken. Zu einem späteren Zeitpunkt, zum Beispiel bei einem Hochwasser, können die am Grund abgelagerten Partikel weiterbewegt werden[7]. Alle Flüsse fließen letztendlich in die Meere. Deswegen wird Plastik über *Fließgewässer* vom Land in die Ozeane transportiert[8,9].

Das über Flüsse ins Meer gelangte Plastik befindet sich zunächst nahe der Küste. Hier ist der Einfluss von Wellenbewegungen von Bedeutung für den Transport von Plastik[10]. Wellen können *Plastikpartikel* an Strände spülen und sie dort zwischenzeitlich ablagern. Mit Ebbe und Flut und sich ändernder Windrichtung und -stärke können dieselben *Plastikpartikel* wieder ins Meer befördert und entlang der Küste weitergetragen werden[11,12]. Auch Plastik, das direkt am Strand in die Umwelt eingetragen wurde, kann so in die Meere gelangen.

Meeresströmungen sorgen ebenfalls für den Transport von Plastik innerhalb der Meere. Sie bilden sich aufgrund von Unterschieden in der Temperatur sowie im Salzgehalt und oberflächlich auch durch Wind sowie Ebbe und Flut. Plastik, das an sehr unterschiedlichen Orten auf der Welt eingetragen wurde, kann so in die großen, offenen Ozeane, wie den Pazifik oder Atlantik, transportiert werden[13].

Neben dem horizontalen Transport entlang aller Himmelsrichtungen an der Wasseroberfläche ist auch ein vertikaler Transport von *Plastikpartikeln* im Meer möglich[11]. Das bedeutet, dass sich die Partikel von oben nach unten in der *Wassersäule* bewegen und andersherum. Hierbei ist neben der Durchmischung durch Wind und Wellen[14] das sogenannte *Biofouling* wichtig. Kleinste Organismen, wie Algen, lagern sich an *Plastikpartikeln* an

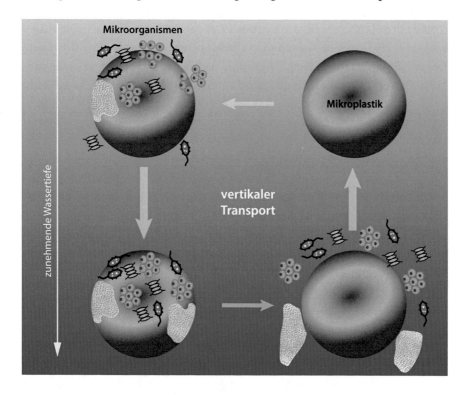

Abbildung 3.2: Im Laufe der Zeit können sich im Meer *Mikroorganismen* an *Plastikpartikeln* anlagern, wodurch das Partikel innerhalb der *Wassersäule* nach unten sinkt. Aufgrund von geringeren Wassertemperaturen und weniger Lichteinstrahlung in der Tiefe können sich diese sogenannten Biofilme wieder vom Partikel lösen und es kann zurück an die Meeresoberfläche steigen. Dadurch können *Plastikpartikel* im Wasser auch vertikal, von oben nach unten, bewegt werden.

und „bewachsen" diese. Damit erhöht sich die Dichte der Partikel, das bedeutet, sie werden schwerer und können in tiefere Wasserschichten oder bis zum Grund sinken. Auf dem Weg von der Wasseroberfläche in die Tiefe wird es kälter und dunkler. Organismen, die sich auf der Oberfläche der *Plastikpartikel* angesiedelt haben und Wärme sowie Licht brauchen, können deswegen absterben und vom Plastik getrennt werden, sodass die *Plastikpartikel* erneut zur Wasseroberfläche aufsteigen[15]. Dieses Auf und Ab führt zu einem Transport von Plastik innerhalb der *Wassersäule* (Abb. 3.2).

Ein weiteres Transportmedium für Plastik stellen Lebewesen dar. Tiere begegnen *Plastikpartikeln* in ihrem natürlichen Lebensraum und können diese verschlucken (s. Kapitel 4.1). *Plastikpartikel*, die verschluckt wurden, gelangen in das Verdauungssystem der Tiere. Hier wird normalerweise die Nahrung in Energie umgewandelt, die der Körper zum Leben braucht. Die Anteile der Nahrung, die der Körper nicht benötigt, werden wieder ausgeschieden. Häufig werden auch die aufgenommenen *Plastikpartikel* mit dem Kot der Tiere ausgeschieden. Die Ausscheidung kann jedoch an einem anderen Ort erfolgen als die Aufnahme von Plastik. Insbesondere Vögel legen große Strecken zurück, sodass sie ebenfalls Transportmedien von Plastik in der Umwelt darstellen[16].

3.2 Wo sammelt sich Plastik?

So vielfältig die Orte sind, an denen Plastik eingetragen wird, so vielfältig sind auch die Orte, an denen sich Plastik *akkumuliert*, also ansammelt. Einige dieser *Akkumulation*szonen gelten als langfristige Sammelpunkte bzw. bedeutsame Hotspots (= in etwa Brennpunkt) der Plastikverschmutzung. Solche Hotspots befinden sich zum Teil an Land, verstärkt liegen sie jedoch in den Weltmeeren bzw. auf deren Grund.

Die großen Ozeanwirbel sind ein wichtiges Sammelbecken globaler Plastikverschmutzung. Plastik, das über Flüsse in die Meere gelangt ist, wird entlang der natürlichen Ozeanströmungen durch die Weltmeere transportiert. In den großen Ozeanen gibt es neben den Strömungen aber auch Bereiche mit geringerer Strömungsgeschwindigkeit. Ähnlich wie bei einem Strudel wird das transportierte Plastik dabei ins Zentrum der Ozeanwirbel verlagert und sammelt sich dort an (Abb. 3.3). Hohe (*Mikro-*) *Plastikkonzentrationen* wurden nicht nur in mathematischen *Modellen*, sondern auch durch Proben vor Ort nachgewiesen und haben den Ozeanwirbeln den Beinamen „Müllstrudel" (engl. garbage patch) eingebracht[17–19]. Der *Nordpazifische Müllstrudel* (engl. North Pacific Garbage Patch) hat bislang sowohl in den Medien als auch wissenschaftlich die größte Aufmerksamkeit erhalten. Erste Untersuchungen weisen darauf hin, dass das in den Wirbeln *akkumulierte* Plastik zum Teil als sogenannter *Meeresschnee* (engl. marine snow) zum Meeresgrund absinken könnte[20]. Dieser Prozess könnte durch sogenanntes *Biofouling* ausgelöst werden, also dem Wachstum von Organismen, wie zum Beispiel Algen, auf der Oberfläche der *Plastikpartikel*. Die Bildung solch eines Biofilms führt zu Veränderungen der *Dichte* und einem Absinken der *Plastikpartikel* (s. Kapitel 3.1).

Die Tiefsee, genauer gesagt die *Sedimente* der Tiefsee, gelten als endgültige Senke von Plastik in der Umwelt. Aufgrund der Schwierigkeit von hier Proben zu bekommen, sind empirische, sprich durch Daten belegte Hinweise auf die Plastikverschmutzung am Meeresboden begrenzt (s. Exkurs). Dennoch haben Untersuchungen hohe *Plastikkonzentrationen* am Meeresgrund nachgewiesen und auch Berechnungen mithilfe von *Modellen* zeigen, dass mit großer Wahrscheinlichkeit ein bedeutsamer Anteil des vom Menschen freigesetzten Plastiks in der Tiefsee dauerhaft *deponiert* wird[25,26].

In jüngerer Vergangenheit ist auch die Kryosphäre, also das Eis unseres Planeten, Gegenstand der Plastikforschung geworden. Eis und insbesondere mehrjähriges Eis, wie zum Beispiel Meereis oder Gletscher, kann Plastik über längere Zeiträume einschließen. Außerdem könnte sich Plastik dort

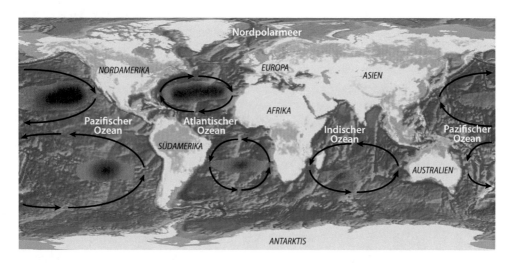

Abbildung 3.3: Aufgrund geringerer Strömungsgeschwindigkeiten im Inneren von Ozeanwirbeln bilden sich sogenannte „Müllstrudel". *Modellrechnungen* zeigen, dass sich die *Plastikkonzentrationen,* hier dargestellt in verschiedenen Rottönen, je nach Eintrags- und Transportpfaden regional unterscheiden[18,21–24].

anreichern[27,28]. Das durch den Klimawandel verursachte Abschmelzen von mehrjährigem Eis könnte daher zur Freisetzung von Plastik, insbesondere *Mikroplastik*, führen[27].

Exkurs: Wie kann man Sedimentbohrkerne zur Untersuchung von Plastik in der Umwelt nutzen?

Sedimente sind von Gesteinen abgelöstes Material, das durch die Umwelt transportiert und anschließend an anderer Stelle abgelagert wurde. *Sedimente* werden immer an der Oberfläche des Bodens, an Land oder am Grund von Gewässern, abgelagert und überdecken damit die bereits vorher abgelagerten *Sedimente*. So entstehen Schichten, deren Alter mit der Tiefe zunimmt[29]. Das Alter der Sedimentschichten kann bestimmt werden. Am Meeresboden geschieht dies mithilfe von kleinsten Organismen, die an der Meeresoberfläche leben und nach ihrem Tod zum Meeresgrund absinken, wo ihre versteinerten Skelette in den Sedimentschichten zu finden sind[30]. Mit Bohrern, die in der Mitte hohl sind, können Sedimentschichten entnommen, sprich beprobt werden, um sie anschließend genauer zu untersuchen. Eine solche Probe nennt man *Sedimentbohrkern*.

Da die einzelnen Schichten der *Sedimentbohrkerne* genauso übereinanderliegen wie an dem Ort, von dem sie stammen, können mit ihrer Hilfe Rückschlüsse auf die Umweltbedingungen an diesem Ort zu anderen Zeiten gezogen werden. Dies nutzen Wissenschaftler, um zum Beispiel die Geschichte des weltweiten Klimas zurückzuverfolgen. Anhand von *Sedimentbohrkernen* kann zum Teil die Lufttemperatur bis vor 100 Millionen Jahren nachvollzogen werden[29]. Zu dieser Zeit lebten noch Dinosaurier auf der Erde. Aber auch in der Mikroplastikforschung können *Sedimentbohrkerne* hilfreiche Informationen liefern. Durch ihre Untersuchung kann die zeitliche Entwicklung der *Mikroplastikverschmutzung* besser verstanden werden[31]. Plastik in der Umwelt wird erst seit relativ kurzer Zeit aktiv untersucht, sodass Werte für die Jahre davor fehlen. *Sedimentbohrkerne* können einen Rückblick auf das Plastikvorkommen in der Umwelt und die Entwicklung der Plastiknutzung geben[32]. Bisherige Untersuchungen haben gezeigt, dass die Anzahl an *Mikroplastikpartikeln* in *Sedimentbohrkernen* von unten, der ältesten Schicht, nach oben, der jüngsten Schicht, ansteigt (Abb. 3.4). Die Umweltverschmutzung durch *Mikroplastik* hat also über die Zeit zugenommen[31].

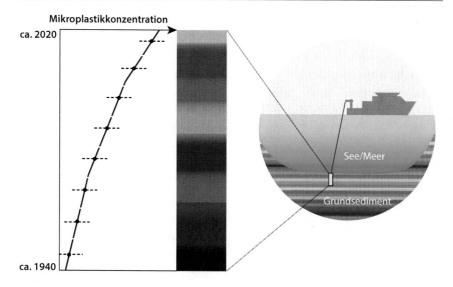

Abbildung 3.4: Die *Konzentrationen* von *Mikroplastik* in *Sedimenten* am Meeresgrund können eine zeitliche Entwicklung der Plastikkontamination aufzeigen. Diese nehmen seit circa der Mitte des 20. Jahrhunderts, nach dem Start der industriellen Produktion, kontinuierlich zu[31].

Neben den Weltmeeren stellen Böden an Land voraussichtlich einen wichtigen, aber ebenfalls wenig untersuchten Sammelpunkt für Plastik in der Umwelt dar. Landwirtschaftliche Böden spielen hierbei eine besondere Rolle. Diese Böden sind sowohl hohen internen, also durch die Landwirtschaft selbst verursachten, als auch externen, also von außen eingetragenen, Plastikemissionen ausgesetzt[33]. Interne Emissionen stammen beispielsweise von der Anwendung von Plastikfolien auf Feldern. Extern kann Plastik auch durch die Ausbringung von *Klärschlamm* in die Böden eingetragen werden. In Deutschland nahmen landwirtschaftlich genutzte Flächen im Jahr 2019 rund die Hälfte der gesamten Landesfläche ein[34]. Allein auf diesen Flächen könnten einer *Modellrechnung* zufolge ca. 19.000 Tonnen Plastik pro Jahr eingetragen werden[35]. Diese Menge entspricht dem Gewicht von etwa 140 Blauwalen. *Deponien* sind im Gegensatz zu landwirtschaftlichen Böden ein beabsichtigter Sammelpunkt für Abfall an Land. Für Plastik hat diese Form der Entsorgung hierzulande zwar nur eine geringe Bedeutung (s. Kapitel 1.5), europaweit wird jedoch knapp ein Viertel des anfallenden Plastikmülls auf *Deponien* entsorgt und ist damit längerfristig dort gelagert[36].

Lebewesen unterschiedlicher Art und Größe und entlang der gesamten *Nahrungskette* können Plastik, insbesondere *Mikro-* und *Nanoplastik*, aufnehmen (s. Kapitel 5.1). Ist ein Beutetier, zum Beispiel ein Regenwurm, mit Plastik belastet, wird auch der Räuber, zum Beispiel ein Huhn, das in seiner Beute enthaltene Plastik aufnehmen. In Richtung des oberen Endes der *Nahrungskette* ist dadurch eine Erhöhung der Plastikmenge pro Lebewesen denkbar. Folglich könnte von einer Plastikanreicherung innerhalb der *Nahrungskette* und damit einem weiteren Sammelpunkt für Plastik in der Umwelt gesprochen werden[37].

3.3 Wie altert Plastik?

Plastik in der Umwelt verändert sich mit der Zeit. Im Gegensatz zu anderen Materialien, wie zum Beispiel Papier, die in der Umwelt schnell zersetzt werden, dauert die *Degradation* (= der Abbau) von Plastik wesentlich länger. Die Hälfte der Masse einer Plastiktüte ist beispielsweise erst nach circa fünf Jahren abgebaut, während dieser Punkt bei einer Plastikflasche rechnerisch sogar erst nach circa 250 Jahren erreicht ist[38]. Die Abbaurate einiger Plastikprodukte kann bisher nur theoretisch mithilfe von *Modellen* bestimmt werden. Erfahrungswerte gibt es noch nicht, da das Material Plastik zu jung ist, um den Zerfall in der Umwelt tatsächlich beobachten zu kön-

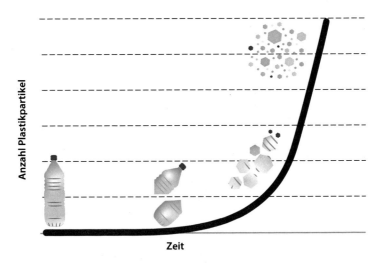

Abbildung 3.5: Plastikobjekte in der Umwelt zerfallen im Laufe der Zeit in viele kleinere Teile. Durch diese *Fragmentierung* von Plastik erhöht sich deren Anzahl sehr schnell und stark und kleinste Mikro- und Nanoplastikpartikel kommen in der Umwelt häufiger vor als große Plastikobjekte.

nen. Wenn Plastikprodukte in der Umwelt altern, werden sie mit der Zeit zunächst spröde, die Oberfläche zerkratzt und/oder es bilden sich Risse im Material. Nach einiger Zeit *fragmentieren* (= in kleinere Teile zerfallen) große Plastikobjekte und es entstehen sehr viel kleinere Partikel, sogenanntes *sekundäres Mikroplastik*[39]. Das *sekundäre Mikroplastik* kann in noch kleinere Teile zerfallen. Durch diesen Prozess der *Fragmentierung* entstehen aus einem großen Plastikgegenstand mit der Zeit eine Vielzahl an kleinsten Plastikpartikeln. Als Beispiel: Ein großes *Plastikpartikel* zerfällt zunächst in zwei Teile, diese beiden zerfallen wiederum in je zwei Partikel und so weiter. Die Anzahl der *Plastikpartikel* in der Umwelt nimmt also alleine durch den Zerfall von Plastik exponentiell, also immer schneller, zu (Abb. 3.5).

Für die *Degradation* von Plastik in der Umwelt sind unterschiedliche Prozesse verantwortlich, die in *abiotische* und *biotische* Abbauweisen (= ohne oder mit Beteiligung von Lebewesen) eingeteilt werden können. *Abiotische* Prozesse verändern Plastik zum einen in seinen physikalischen Eigenschaften und zum anderen in seiner chemischen Zusammensetzung. Häufig sind diese Veränderungen zunächst nicht sichtbar, sondern beeinflussen ein Plastikobjekt erst im Laufe der Zeit. Die Reißfestigkeit, Haltbarkeit und *Molekülmasse* (= Summe der Masse der einzelnen Atome) des Materials nehmen beispielsweise bei der *Degradation* ab und Plastik kann dadurch spröde und rissig werden sowie sich farblich verändern (Abb. 3.6)[40]. Sandpartikel am Strand oder die Kraft von Wellen können Reibung an der Oberfläche des Plastiks verursachen und damit die *Fragmentierung* von Plastik auslösen bzw. beschleunigen[41,42].

Chemische Abbauprozesse, die auch zu den *abiotischen* Abbauweisen zählen, lassen sich in *photo-, thermische* und *oxidative Degradation* (Abb. 3.6), sowie *Hydrolyse* unterscheiden[43]. Die *Photodegradation* ist einer der wichtigsten Prozesse bei der Zersetzung von Plastik in der Umwelt und wird durch die ultraviolette *(UV)-Strahlung* des Sonnenlichts ausgelöst, insbesondere durch die sogenannte *UV-B-Strahlung*[44]. Die hohe Energie der *UV-Strahlung* führt zur Spaltung der *Polymerketten*[45], aus denen Plastik hergestellt wird (siehe Kapitel 1.3). Eine *thermische Degradation* tritt hingegen bei hohen Temperaturen auf, die ebenfalls dazu führen, dass die *Polymerketten* in kürzere Ketten gespalten werden[40]. In der Umwelt findet keine reine *thermische Degradation* statt, weil die Temperaturen zu gering sind. Bei direkter Sonneneinstrahlung und Erwärmung der Umgebung ist ein langsamer thermischer Abbau jedoch möglich, der die *Photodegradation* verstärkt[44]. Die *oxidative Degradation* beruht auf einer chemischen Reaktion mit Sauerstoff und führt dazu, dass Sauerstoffmoleküle, die in der

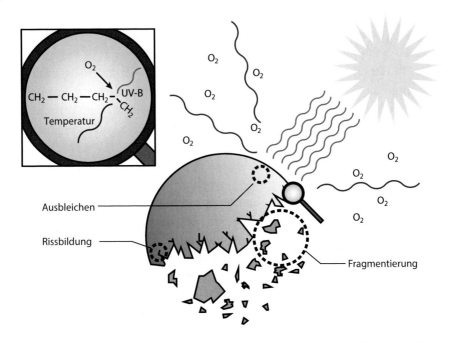

Abbildung 3.6: Durch die Einwirkung von Temperatur, Sonneneinstrahlung und Sauerstoff kann Plastik in der Umwelt *degradiert*, also abgebaut, werden. Dabei verliert das Plastik zunächst seine Farbe, es bleicht aus, bevor sich Risse bilden und das Partikel letztendlich in kleinere Stücke zerfällt und damit *fragmentiert*.

Luft enthalten sind, in die Struktur der *Polymerketten* eingebaut werden[40]. Dieser Prozess kann sowohl durch Licht als auch durch erhöhte Temperaturen ausgelöst werden[45]. Bei der *Hydrolyse* reagieren die Plastikpolymere hingegen mit Wasser. Dabei wird die *Polymerkette* ebenfalls gespalten und die entstehenden Teilstücke verbinden sich mit Wassermolekülen[40].

Als *biotische Degradation* wird der chemische Abbau durch Lebewesen, häufig durch *Mikroorganismen* (= Kleinstlebewesen) wie Bakterien, Algen und Pilze, bezeichnet[46,47]. Plastik kann durch diese Form des Abbaus einerseits physikalisch in kleinere Fragmente gespalten werden, da Organismen Plastik bei der Nahrungsaufnahme oder in ihrem Verdauungstrakt zerkleinern. Andererseits können biochemische Prozesse (= chemische Prozesse in Lebewesen) zur *Degradation* führen, die häufig auf die Wirkung von *Enzymen* zurückgehen[44]. *Enzyme* sind Verbindungen, die in den Zellen von Lebewesen gebildet werden und Stoffwechselprozesse (z. B. die Verdauung) steuern und beschleunigen. Sie können die *Polymerketten* auf verschiedene Arten verändern, zum Beispiel durch die Aufspaltung oder die Einbringung von anderen Atomen und *Molekülen* in die Struktur der Ketten. Dadurch sind die *Polymerketten* anschließend leichter aufzuspalten[47]. *Biotische Degradation* ist bei den gängigsten Plastikmaterialien jedoch nicht möglich oder ein sehr langsamer Prozess, da die *Polymere* aufgrund ihrer Zusammensetzung aus sehr vielen kleineren Einheiten sehr stabil sind[43,48].

Wie schnell Plastik in der Umwelt tatsächlich *degradiert*, ist von unterschiedlichen Faktoren abhängig. Neben den Eigenschaften des Plastiks selbst beeinflussen die Temperatur, die Sonneneinstrahlung und der Sauerstoffgehalt der Luft die Degradationsprozesse. Je höher die Temperatur, die Sonneneinstrahlung oder die Verfügbarkeit von Sauerstoff ist, desto schneller findet ein Abbau von Plastik statt. Daher ist es sehr wichtig, in welcher Umgebung sich das Plastik befindet[43]. Liegt das Plastik an Land oder schwimmt es im Wasser bzw. Salzwasser? Befindet es sich an der Oberfläche oder ist es möglicherweise begraben oder unter Wasser? An der Landoberfläche sind die Bedingungen für einen Zerfall von Plastik günstiger und insbesondere *abiotische* Degradationsprozesse verlaufen schneller als im Wasser. Dies liegt vor allem an einer höheren Temperatur an der Landoberfläche, der Wirkung der direkten Sonneneinstrahlung und der höheren Verfügbarkeit von Sauerstoff[43,49].

Literatur

[1] Allen, S.; Allen, D.; Phoenix, V. R.; Le Roux, G.; Durántez Jiménez, P.; Simonneau, A.; Binet, S.; Galop, D. Atmospheric Transport and Deposition of Microplastics in a Remote Mountain Catchment. *Nat. Geosci.* 2019, *12* (5), 339–344. https://doi.org/10.1038/s41561-019-0335-5.

[2] Rezaei, M.; Riksen, M. J. P. M.; Sirjani, E.; Sameni, A.; Geissen, V. Wind Erosion as a Driver for Transport of Light Density Microplastics. *Sci. Total Environ.* 2019, *669*, 273–281. https://doi.org/10.1016/j.scitotenv.2019.02.382.

[3] Dris, R.; Gasperi, J.; Saad, M.; Mirande, C.; Tassin, B. Synthetic Fibers in Atmospheric Fallout: A Source of Microplastics in the Environment? *Mar. Pollut. Bull.* 2016, *104* (1–2), 290–293. https://doi.org/10.1016/j.marpolbul.2016.01.006.

[4] Bendix, J. *Geländeklimatologie: mit 15 Tabellen*; Studienbücher der Geographie; Borntraeger: Berlin, 2004.

[5] Dris, R.; Gasperi, J.; Rocher, V.; Saad, M.; Renault, N.; Tassin, B. Microplastic Contamination in an Urban Area: A Case Study in Greater Paris. *Environ. Chem.* 2015, *12* (5), 592. https://doi.org/10.1071/EN14167.

[6] Klein, M.; Fischer, E. K. Microplastic Abundance in Atmospheric Deposition within the Metropolitan Area of Hamburg, Germany. *Sci. Total Environ.* 2019, *685*, 96–103. https://doi.org/10.1016/j.scitotenv.2019.05.405.

[7] Nizzetto, L.; Bussi, G.; Futter, M. N.; Butterfield, D.; Whitehead, P. G. A Theoretical Assessment of Microplastic Transport in River Catchments and Their Retention by Soils and River Sediments. *Environ. Sci.: Processes Impacts* 2016, *18* (8), 1050–1059. https://doi.org/10.1039/C6EM00206D.

[8] Jambeck, J. R.; Geyer, R.; Wilcox, C.; Siegler, T. R.; Perryman, M.; Andrady, A.; Narayan, R.; Law, K. L. Plastic Waste Inputs from Land into the Ocean. *Science* 2015, *347* (6223), 768–771. https://doi.org/10.1126/science.1260352.

[9] Moore, C. J.; Lattin, G. L.; Zellers, A. F. Quantity and Type of Plastic Debris Flowing from Two Urban Rivers to Coastal Waters and Beaches of Southern California. *RGCI* 2011, *11* (1), 65–73. https://doi.org/10.5894/rgci194.

[10] Isobe, A.; Kubo, K.; Tamura, Y.; Kako, S.; Nakashima, E.; Fujii, N. Selective Transport of Microplastics and Mesoplastics by Drifting in Coastal Waters. *Mar. Pollut. Bull.* 2014, *89* (1–2), 324–330. https://doi.org/10.1016/j.marpolbul.2014.09.041.

[11] Zhang, H. Transport of Microplastics in Coastal Seas. *Estuar. Coast. Shelf S.* 2017, *199*, 74–86. https://doi.org/10.1016/j.ecss.2017.09.032.

[12] Critchell, K.; Lambrechts, J. Modelling Accumulation of Marine Plastics in the Coastal Zone; What Are the Dominant Physical Processes? *Estuar. Coast. Shelf S.* 2016, *171*, 111–122. https://doi.org/10.1016/j.ecss.2016.01.036.

[13] Lebreton, L. C.-M.; Greer, S. D.; Borrero, J. C. Numerical Modelling of Floating Debris in the World's Oceans. *Mar. Pollut. Bull.* 2012, *64* (3), 653–661. https://doi.org/10.1016/j.marpolbul.2011.10.027.

[14] Kukulka, T.; Proskurowski, G.; Morét-Ferguson, S.; Meyer, D. W.; Law, K. L. The Effect of Wind Mixing on the Vertical Distribution of Buoyant Plastic Debris: WIND EFFECTS ON PLASTIC MARINE DEBRIS. *Geophys. Res. Lett.* 2012, *39* (7), n/a-n/a. https://doi.org/10.1029/2012GL051116.

[15] Kooi, M.; Nes, E. H. van; Scheffer, M.; Koelmans, A. A. Ups and Downs in the Ocean: Effects of Biofouling on Vertical Transport of Microplastics. *Environ. Sci. Technol.* 2017, *51* (14), 7963–7971. https://doi.org/10.1021/acs.est.6b04702.

[16] Provencher, J. F.; Vermaire, J. C.; Avery-Gomm, S.; Braune, B. M.; Mallory, M. L. Garbage in Guano? Microplastic Debris Found in Faecal Precursors of Seabirds Known to Ingest Plastics. *Sci. Total Environ.* 2018, *644*, 1477–1484. https://doi.org/10.1016/j.scitotenv.2018.07.101.

[17] Eriksen, M.; Maximenko, N.; Thiel, M.; Cummins, A.; Lattin, G.; Wilson, S.; Hafner, J.; Zellers, A.; Rifman, S. Plastic Pollution in the South Pacific Subtropical Gyre. *Mar. Pollut. Bull.* 2013, *68* (1–2), 71–76. https://doi.org/10.1016/j.marpolbul.2012.12.021.

[18] Lebreton, L.; Slat, B.; Ferrari, F.; Sainte-Rose, B.; Aitken, J.; Marthouse, R.; Hajbane, S.; Cunsolo, S.; Schwarz, A.; Levivier, A.; Noble, K.; Debeljak, P.; Maral, H.; Schoeneich-Argent, R.; Brambini, R.; Reisser, J. Evidence That the Great Pacific Garbage Patch Is Rapidly Accumulating Plastic. *Sci. Rep.* 2018, *8* (1), 4666. https://doi.org/10.1038/s41598-018-22939-w.

[19] Egger, M.; Nijhof, R.; Quiros, L.; Leone, G.; Royer, S.-J.; McWhirter, A. C.; Kantakov, G. A.; Radchenko, V. I.; Pakhomov, E. A.; Hunt, B. P. V.; Lebreton, L. A Spatially Variable Scarcity of Floating Microplastics in the Eastern North Pacific Ocean. *Environ. Res. Lett.* 2020, *15* (11), 114056. https://doi.org/10.1088/1748-9326/abbb4f.

[20] Egger, M.; Sulu-Gambari, F.; Lebreton, L. First Evidence of Plastic Fallout from the North Pacific Garbage Patch. *Sci. Rep.* 2020, *10* (1), 7495. https://doi.org/10.1038/s41598-020-64465-8.

[21] van Sebille, E.; England, M. H.; Froyland, G. Origin, Dynamics and Evolution of Ocean Garbage Patches from Observed Surface Drifters. *Environ. Res. Lett.* 2012, *7* (4), 044040. https://doi.org/10.1088/1748-9326/7/4/044040.

[22] van Sebille, E. The Oceans' Accumulating Plastic Garbage. *Physics Today* 2015, *68* (2), 60–61. https://doi.org/10.1063/PT.3.2697.

[23] Maximenko, N.; Corradi, P.; Law, K. L.; Van Sebille, E.; Garaba, S. P.; Lampitt, R. S.; Galgani, F.; Martinez-Vicente, V.; Goddijn-Murphy, L.; Veiga, J. M.; Thompson, R. C.; Maes, C.; Moller, D.; Löscher, C. R.; Addamo, A. M.; Lamson, M. R.; Centurioni, L. R.; Posth, N. R.; Lumpkin, R.; Vinci, M.; Martins, A. M.; Pieper, C. D.; Isobe, A.; Hanke, G.; Edwards, M.; Chubarenko, I. P.; Rodriguez, E.; Aliani, S.; Arias, M.; Asner, G. P.; Brosich, A.; Carlton, J. T.; Chao, Y.; Cook, A.-M.; Cundy, A. B.; Galloway, T. S.; Giorgetti, A.; Goni, G. J.; Guichoux, Y.; Haram, L. E.; Hardesty, B. D.; Holdsworth, N.; Lebreton, L.; Leslie, H. A.; Macadam-Somer, I.; Mace, T.; Manuel, M.; Marsh, R.; Martinez, E.; Mayor, D. J.; Le Moigne, M.; Molina Jack, M. E.; Mowlem, M. C.; Obbard, R. W.; Pabortsava, K.; Robberson, B.; Rotaru, A.-E.; Ruiz, G. M.; Spedicato, M. T.; Thiel, M.; Turra, A.; Wilcox, C. Toward the Integrated Marine Debris Observing System. *Front. Mar. Sci.* 2019, *6*, 447. https://doi.org/10.3389/fmars.2019.00447.

[24] ESRI. World Base Maps, 2020.

[25] Van Cauwenberghe, L.; Vanreusel, A.; Mees, J.; Janssen, C. R. Microplastic Pollution in Deep-Sea Sediments. *Environ. Pollut.* 2013, *182*, 495–499. https://doi.org/10.1016/j.envpol.2013.08.013.

[26] Woodall, L. C.; Sanchez-Vidal, A.; Canals, M.; Paterson, G. L. J.; Coppock, R.; Sleight, V.; Calafat, A.; Rogers, A. D.; Narayanaswamy, B. E.; Thompson, R. C. The Deep Sea Is a Major Sink for Microplastic Debris. *R. Soc. open sci.* 2014, *1* (4), 140317. https://doi.org/10.1098/rsos.140317.

[27] Obbard, R. W.; Sadri, S.; Wong, Y. Q.; Khitun, A. A.; Baker, I.; Thompson, R. C. Global Warming Releases Microplastic Legacy Frozen in Arctic Sea Ice. *Earth's Future* 2014, *2* (6), 315–320. https://doi.org/10.1002/2014EF000240.

[28] Peeken, I.; Primpke, S.; Beyer, B.; Gütermann, J.; Katlein, C.; Krumpen, T.; Bergmann, M.; Hehemann, L.; Gerdts, G. Arctic Sea Ice Is an Important Temporal Sink and Means of Transport for Microplastic. *Nat. Commun.* 2018, *9* (1), 1505. https://doi.org/10.1038/s41467-018-03825-5.

[29] Schönwiese, C.-D. *Klimatologie: Grundlagen, Entwicklungen und Perspektiven*, 5., überarbeitete und aktualisierte Auflage.; utb Geowissenschaften, Ökologie, Agrarwissenschaften, Biologie, Physik; Verlag Eugen Ulmer: Stuttgart, 2020.

[30] Grotzinger, J.; Jordan, T. *Press/Siever Allgemeine Geologie*; Springer Berlin Heidelberg: Berlin, Heidelberg, 2017. https://doi.org/10.1007/978-3-662-48342-8.

[31] Torres, F. G.; De-la-Torre, G. E. Historical Microplastic Records in Marine Sediments: Current Progress and Methodological Evaluation. *Regional Studies in Marine Science* 2021, *46*, 101868. https://doi.org/10.1016/j.rsma.2021.101868.

[32] Turner, S.; Horton, A. A.; Rose, N. L.; Hall, C. A Temporal Sediment Record of Microplastics in an Urban Lake, London, UK. *J. Paleolimnol.* 2019. https://doi.org/10.1007/s10933-019-00071-7.

[33] Corradini, F.; Meza, P.; Eguiluz, R.; Casado, F.; Huerta-Lwanga, E.; Geissen, V. Evidence of Microplastic Accumulation in Agricultural Soils from Sewage Sludge Disposal. Sci. *Total Environ.* 2019, 671, 411–420. https://doi.org/10.1016/j.scitotenv.2019.03.368.

[34] Statistisches Bundesamt (Destatis). Bodenfläche (Tatsächliche Nutzung): Deutschland, Stichtag, Nutzungsarten, 2021. https://www-genesis.destatis.de/genesis//online?operation=table&code=33111-0001&bypass=true&levelindex=0&levelid=1624610859588#abreadcrumb. **Zugriff:** 25. 06.2021.

[35] Bertling, J.; Zimmermann, T.; Rödig, L. Kunststoffe in Der Umwelt: Emissionen in Landwirtschaftlich Genutzte Böden. 2021. https://doi.org/10.24406/UMSICHT-N-633611.

[36] PlasticsEurope. Plastics - the Facts 2020. An Analysis of European Plastics Production, Demand and Waste Data., 2020. https://www.plasticseurope.org/de/resources/publications/4312-plastics-facts-2020. **Zugriff:** 01.10.2021.

[37] Huerta Lwanga, E.; Mendoza Vega, J.; Ku Quej, V.; Chi, J. de los A.; Sanchez del Cid, L.; Chi, C.; Escalona Segura, G.; Gertsen, H.; Salánki, T.; van der Ploeg, M.; Koelmans, A. A.; Geissen, V. Field Evidence for Transfer of Plastic Debris along a Terrestrial Food Chain. *Sci. Rep.* 2017, 7 (1), 14071. https://doi.org/10.1038/s41598-017-14588-2.

[38] Chamas, A.; Moon, H.; Zheng, J.; Qiu, Y.; Tabassum, T.; Jang, J. H.; Abu-Omar, M.; Scott, S. L.; Suh, S. Degradation Rates of Plastics in the Environment. *ACS Sustainable Chem. Eng.* 2020, 8 (9), 3494–3511. https://doi.org/10.1021/acssuschemeng.9b06635.

[39] Lambert, S.; Wagner, M. Microplastics Are Contaminants of Emerging Concern in Freshwater Environments: An Overview. In *Freshwater Microplastics*; Wagner, M., Lambert, S., Hrsg.; The Handbook of Environmental Chemistry; Springer International Publishing: Cham, 2018; Vol. 58, pp 1–23. https://doi.org/10.1007/978-3-319-61615-5_1.

[40] Lambert, S.; Sinclair, C.; Boxall, A. Occurrence, Degradation, and Effect of Polymer-Based Materials in the Environment. In *Reviews of Environmental Contamination and Toxicology, Volume 227*; Whitacre, D. M., Hrsg.; Reviews of Environmental Contamination and Toxicology; Springer International Publishing: Cham, 2014; Vol. 227, pp 1–53. https://doi.org/10.1007/978-3-319-01327-5_1.

[41] Corcoran, P. L.; Biesinger, M. C.; Grifi, M. Plastics and Beaches: A Degrading Relationship. *Mar. Pollut. Bull.* 2009, 58 (1), 80–84. https://doi.org/10.1016/j.marpolbul.2008.08.022.

[42] Browne, M. A. Sources and Pathways of Microplastics to Habitats. In *Marine Anthropogenic Litter*; Bergmann, M., Gutow, L., Klages, M., Hrsg.; Springer International Publishing: Cham, 2015; pp 229–244. https://doi.org/10.1007/978-3-319-16510-3_9.

[43] Andrady, A. L. Microplastics in the Marine Environment. *Mar. Pollut. Bull.* 2011, 62 (8), 1596–1605. https://doi.org/10.1016/j.marpolbul.2011.05.030.

[44] Zhang, K.; Hamidian, A. H.; Tubić, A.; Zhang, Y.; Fang, J. K. H.; Wu, C.; Lam, P. K. S. Understanding Plastic Degradation and Microplastic Formation in the Environment: A Review. *Environ. Pollut.* 2021, 274, 116554. https://doi.org/10.1016/j.envpol.2021.116554.

[45] Singh, B.; Sharma, N. Mechanistic Implications of Plastic Degradation. *Polymer Degradation and Stability* 2008, *93* (3), 561–584. https://doi.org/10.1016/j.polymdegradstab.2007.11.008.

[46] Andrady, A. L. Biodegradation of Plastics: Monitoring What Happens. In *Plastics Additives*; Pritchard, G., Hrsg.; Brewis, D., Briggs, D., Series Hrsg.; Polymer Science and Technology Series; Springer Netherlands: Dordrecht, 1998; Vol. 1, pp 32–40. https://doi.org/10.1007/978-94-011-5862-6_5.

[47] Lucas, N.; Bienaime, C.; Belloy, C.; Queneudec, M.; Silvestre, F.; Nava-Saucedo, J.-E. Polymer Biodegradation: Mechanisms and Estimation Techniques – A Review. *Chemosphere* 2008, *73* (4), 429–442. https://doi.org/10.1016/j.chemosphere.2008.06.064.

[48] Ahmed, T.; Shahid, M.; Azeem, F.; Rasul, I.; Shah, A. A.; Noman, M.; Hameed, A.; Manzoor, N.; Manzoor, I.; Muhammad, S. Biodegradation of Plastics: Current Scenario and Future Prospects for Environmental Safety. *Environ. Sci. Pollut. Res.* 2018, *25* (8), 7287–7298. https://doi.org/10.1007/s11356-018-1234-9.

[49] Weinstein, J. E.; Crocker, B. K.; Gray, A. D. From Macroplastic to Microplastic: Degradation of High-Density Polyethylene, Polypropylene, and Polystyrene in a Salt Marsh Habitat: Degradation of Plastic in a Salt Marsh Habitat. *Environ. Toxicol. Chem.* 2016, *35* (7), 1632–1640. https://doi.org/10.1002/etc.3432.

Welche Folgen kann Plastik in der Umwelt haben?

Plastik, das sich in der Umwelt befindet, kann Risiken für Tiere und Menschen und die Umwelt im Allgemeinen darstellen. Sowohl Tiere als auch Menschen können *Plastikpartikel* verschlucken oder einatmen. Wieso und welche Auswirkungen dies haben könnte, wird in diesem Kapitel zusammengefasst. Viele Fragen zu diesem Thema sind noch offen und die Forschung dazu hat gerade erst begonnen. Dabei geht es nicht nur um die *Plastikpartikel* selbst, sondern auch um verschiedene andere Stoffe, die sich an Plastik anlagern. Diese können über weite Strecken transportiert werden und gefährlich für Umwelt und Tiere sein. Deswegen wird auch die Möglichkeit von Plastik als Transportmittel für Schadstoffe, aber auch Organismen erläutert.

4.1 Welches Risiko stellt Plastik für Tiere dar?

Plastik verschmutzt nahezu jeden Winkel unseres Planeten. Durch diese weite Verbreitung von Plastik in der Umwelt sind auch Tiere unmittelbar von der Plastikverschmutzung betroffen. Inwiefern und in welchem Umfang dabei ein Risiko für Tiere ausgeht, wird derzeit erforscht. Auch wenn eine exakte Risikoabschätzung aktuell noch nicht möglich ist, ist es wahrscheinlich, dass Plastik unter gewissen Umständen schädliche Effekte auf Tiere haben kann.

Ein prominentes Beispiel für die Auswirkungen von Plastik auf die Tierwelt ist das Verfangen von Tieren in Plastikmüll (Abb. 4.1). Das Verfangen (engl. *entanglement*) in Plastikmüll führt beispielsweise dazu, dass das betroffene Tier seine Mobilität (= Bewegungsfähigkeit) verliert. Damit kann es nicht mehr selbst auf Nahrungssuche gehen oder vor Raubtieren flüchten. Eine Untersuchung zeigte, dass sich viele verschiedene Seevogelarten in Plastikmaterial verfingen und mindestens 36 % aller Seevogelarten von dem Phänomen betroffen waren. Das Verfangen in Plastik ist also kein Einzelfall[1]. Vögel nutzen Plastikfasern außerdem aktiv als Nistmaterial[2]. In Wales beobachteten Forscher in einer Basstölpelkolonie jedoch immer wieder Jungtiere, die sich in den Plastikfasern aus dem Nest verfangen hatten. Teilweise starben sie sogar, weil sie sich nicht selbst befreien konnten.

Neben dieser sichtbaren Gefahr durch das Verfangen in Plastikmüll stellt die Aufnahme von Plastik über die Nahrung (engl. *ingestion*) eine Bedrohung für Tiere dar (Abb. 4.1), die nicht auf den ersten Blick erkennbar ist[3,4]. Zum Teil führt erst der Tod der Tiere dazu, dass Plastikobjekte, zum Beispiel im Magen, nach der Verwesung der Körper sichtbar werden. Bei der Aufnahme von Plastik über die Nahrung spielt die Größe des Plastiks eine entscheidende Rolle. Je kleiner ein *Plastikpartikel* ist, desto wahrscheinlicher wird es von Lebewesen über die Mundöffnung aufgenommen. Das liegt zum einen daran, dass die Mundöffnung selbst die maximale Größe von aufgenommenen *Plastikpartikeln* begrenzt. Zum anderen hängt es damit zusammen, dass kleine *Plastikpartikel* in der Umwelt wesentlich häufiger vorkommen als größere. Deswegen sind gerade *Mikro-* und *Nanoplastikpartikel* im Hinblick auf die Aufnahme über den Mund bedeutsam[5].

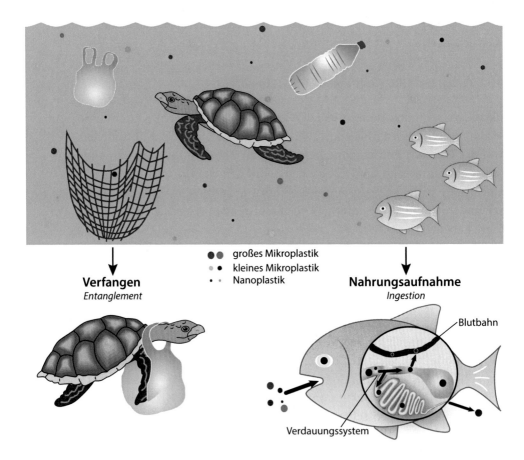

Abbildung 4.1: Die möglichen Auswirkungen von Plastikverschmutzung auf Tiere in unserer Umwelt sind vielfältig. Während das Verfangen von Tieren in Plastikmüll weltweit dokumentiert wurde, ist noch relativ unklar, welche Auswirkungen Mikro- oder Nanoplastikpartikel haben, die über die Nahrung aufgenommen werden können.

Tiere können Plastik versehentlich aufnehmen, weil sie es nicht von ihrer eigentlichen Nahrung unterscheiden können. Miesmuscheln beispielsweise filtern große Mengen an Meerwasser, um darin enthaltene Nahrung, wie Plankton, zu sammeln. Die Muscheln können zwar einen Teil des gesammelten Materials anhand der Partikelgröße und -form aussortieren und wieder ausstoßen. Wenn die *Plastikpartikel* aber eine ähnliche Größe und Form wie die eigentlichen Nahrungspartikel haben, hat die Miesmuschel keine Möglichkeit, das Plastik von ihrer Nahrung zu unterscheiden[6]. Im Fall eines tropischen Raubfisches, der einer Makrele ähnelt, konnte sogar nachgewiesen werden, dass dieser Fisch Plastik absichtlich aufnimmt[7]. In den Mägen fand sich überwiegend blaues Plastik einer bestimmten Größe, das der Nahrung, zumindest für die Augen des Raubfisches, zum Verwechseln ähnlich sah.

Forscher*innen gehen davon aus, dass ein Großteil des Plastiks, das Tiere aufnehmen, den Körper auf natürlichem Weg wieder verlässt, indem es ausgeschieden wird[8]. Tiere können Plastik nicht verdauen, es also nicht zerlegen, um daraus Energie und Nährstoffe zu gewinnen, die der Körper benötigt. Daher kann es im Verdauungstrakt verbleiben, wenn es zum Beispiel zu groß für den Übergang vom Magen in den Darm ist. Dies kann letztendlich zum Verhungern führen, wenn ein mit Plastik gefüllter Magen das Aufkommen eines Hungergefühls verhindert[9]. Weniger dramatisch, aber dennoch schädlich ist, dass Plastik die eigentliche Nahrung „verdünnt" und so die Menge an Energie verringert, die ein Lebewesen bei der Verdauung daraus gewinnt[10]. Dies wiederum kann die Lebens- oder Fortpflanzungsfähigkeit von Tieren einschränken[11]. Für sehr kleine *Plastikpartikel*, insbesondere kleines *Mikro-* und *Nanoplastik*, ist darüber hinaus denkbar, dass sie aus dem Verdauungstrakt in den Blutkreislauf übergehen. Die daraus entstehenden Folgen sind bislang größtenteils unbekannt. Es gibt jedoch verschiedene schädliche Effekte, wie zum Beispiel Entzündungsreaktionen, die durch kleinste *Plastikpartikel* ausgelöst werden könnten[12].

Exkurs: Welche Risiken stellt Mikroplastik für Pflanzen dar?

Das Vorkommen und die Auswirkungen von *Mikroplastik* an Land wurden bislang weniger erforscht als in Ozeanen und Gewässern. Dennoch wurden kleinste *Plastikpartikel* auch in großen Mengen in Böden nachgewiesen[13]. *Mikroplastik* wird aus der Luft, durch Regenwasser, Überflutungen und menschliche Bewässerung in die Böden eingetragen. Bei Ackerflächen ist dies auch über Düngemittel oder die Nutzung von Plastikfolien zur Abdeckung möglich[14].

Aus dem Boden könnten *Mikro-* und vor allem die noch kleineren *Nanoplastikpartikel* über die Wurzeln von Pflanzen aufgenommen werden[15,16]. Innerhalb der Pflanze könnten die Partikel wiederum in den oberirdischen Teil transportiert werden, in einzelne Zellen eindringen und damit auch in die *Nahrungskette* gelangen[17,18].

Das Vorkommen von *Plastikpartikeln* in Böden und deren Aufnahme können verschiedene direkte und indirekte Auswirkungen für Pflanzen haben, die noch nicht ausführlich erforscht sind[19]. Indirekte Auswirkung haben *Mikroplastikpartikel* im Boden, da sie beispielsweise die Bodenstruktur und damit die Bodendichte verändern[20]. Die Bodendichte beschreibt, ob ein Boden eher locker oder fest ist. Durch *Plastikpartikel* im Boden wird dieser lockerer und Pflanzenwurzeln können sich leichter ausbreiten[21,22].

Plastikpartikel in Böden können außerdem die mikrobielle Aktivität (= Wirkung von *Mikroorganismen*) beeinflussen und verringern[21]. Eine Verringerung der mikrobiellen Aktivität bedeutet auch, dass für Pflanzen wichtige Nährstoffe weniger verfügbar sind, was sich wiederum negativ auf das Pflanzenwachstum auswirken kann[19]. Falls *Nanoplastikpartikel*, die über die Wurzeln aufgenommen wurden, bis in die Pflanzenzellen transportiert werden, könnten sie hingegen direkte Auswirkungen haben, da sie auf Pflanzen giftig wirken könnten[17]. Unterschiedliche Pflanzenarten reagieren unterschiedlich auf Veränderungen.

Durch die direkten und indirekten Auswirkungen von *Plastikpartikeln* auf Pflanzen ist daher auch eine Änderung in der Pflanzengemeinschaft möglich, sprich in der Anzahl und Verteilung verschiedener Pflanzenarten in einem Lebensraum[19,22]. Dies kann wiederum das Gleichgewicht des Ökosystems stören und damit entscheidende Folgen für eine Vielzahl von Lebewesen und Umweltprozesse haben.

4.2　Welches Risiko stellen Zusatz- und anhaftende Stoffe für Tiere dar?

Plastik kann unterschiedliche Auswirkungen auf die Tierwelt haben. Inwiefern das Plastik ein Risiko für Tiere darstellt, wird unter anderem durch die Stoffe beeinflusst, die darin enthalten oder an dessen Oberfläche angelagert sind (Abb. 4.2). Plastik enthält *Additive* (= Zusatzstoffe), die die Eigenschaften des Plastiks beeinflussen und bei der Herstellung beigefügt werden (s. Kapitel 1.3). *Additive* können sich im Laufe der Zeit wieder aus dem Plastik lösen. Damit können sie ein Risiko für die Umwelt und Tiere darstellen, da sie zum Teil giftig sind[23]. Für *PVC* beispielsweise werden viele Zusatzstoffe benötigt, um es flexibel zu machen und beispielsweise als Fußbodenbelag einsetzen zu können[24]. Die sogenannten Weichmacher, die

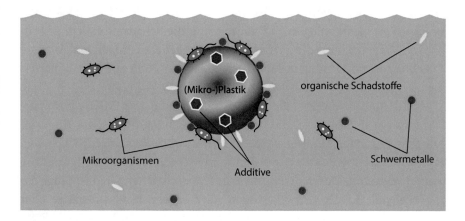

Abbildung 4.2: Neben den *Additiven*, die dem Plastik bei der Produktion zugefügt werden, lagern sich an Plastikpartikel in der Umwelt im Laufe der Zeit weitere Stoffe an. Dies können organische Schadstoffe (*POPs*), *Schwermetalle* und *Mikroorganismen* sein. Alle diese Stoffe können die *Toxizität*, die von Plastik für Lebewesen ausgeht, erhöhen.

für die Flexibilität von Plastikprodukten sorgen, sind die größte Gruppe von *Additiven*, die weltweit verarbeitet werden[23]. Für diese Gruppe von Zusatzstoffen gibt es daher schon Untersuchungen, die die Auswirkungen und *Toxizität* (= Giftigkeit) für die Umwelt erforschen. Verschiedene Untersuchungen haben nachgewiesen, dass *Phthalate*, die zu den Weichmachern gehören, das Hormonsystem von Tieren beeinflussen können[25].

Auch Schadstoffe, die vom Plastik aus seiner Umgebung aufgenommen werden, können ein Risiko für Tiere darstellen. *Persistente organische Schadstoffe* (engl. *Persistent Organic Pollutants* = *POPs*) sind langlebige,

4

4.2 Welches Risiko stellen Zusatz- und anhaftende Stoffe für Tiere dar?

schwer abbaubare Chemikalien. Solche Schadstoffe können sich im Fettgewebe von Lebewesen anreichern und dadurch das Hormonsystem sowie die Fortpflanzung beeinflussen oder auch krebserregend wirken[26]. *POPs* wurden, wie Plastik, durch den Menschen in die Umwelt eingetragen und lagern sich an *Mikroplastikpartikeln* an (Abb. 4.2)[27]. Ob die *Plastikpartikel* dabei ein Transportweg für *POPs* in die Organismen sind und dadurch eine höheres Risiko besteht, ist in der Plastikforschung bislang umstritten[28]. Einige Untersuchungen zeigen, dass diese Schadstoffe in Lebewesen vermehrt nachgewiesen werden, da sie sich an *Mikroplastikpartikeln* anlagern[29]. Unter den Bedingungen im Verdauungstrakt der Tiere können die Schadstoffe von der Plastikoberfläche abgelöst werden, sodass sie im Körper verbleiben, während das Plastik wieder ausgeschieden wird[30]. Andere Untersuchungen hingegen zeigen, dass die Aufnahme der Schadstoffe und deren Anreicherung im Fettgewebe von Organismen geringer ist, weil sich die Schadstoffe an *Plastikpartikeln* anlagern[31]. Dadurch sind die Schadstoffe nicht frei im Wasser verfügbar und die Tiere nehmen sie nicht so einfach auf. Weitere Forschung ist notwendig, um das Risiko, das von *POPs* auf Plastikoberflächen ausgeht, besser einschätzen zu können.

Metalle und *Schwermetalle* können sich ebenfalls an *Mikroplastikpartikeln* anlagern (Abb. 4.2) und dadurch das Risiko erhöhen, das für Tiere von Plastik in der Umwelt ausgeht[32]. *Schwermetalle* sind natürlich-vorkommende Elemente, die zum Teil sogar lebensnotwendig für manche Organismen sind. Durch den Einfluss des Menschen hat sich die Menge der *Schwermetalle* in der Umwelt jedoch stark erhöht, sodass negative oder *toxische* Folgen möglich sind[33]. *Schwermetalle* können ähnlich wie die *POPs* durch die Anlagerung an *Mikroplastikpartikeln* vermehrt von Lebewesen zum Beispiel über die Nahrung aufgenommen werden und anschließend deren Fortpflanzung oder Wachstum stören[34].

Auf der Oberfläche von *Plastikpartikeln* lagern sich mit der Zeit auch verschiedenste *Mikroorganismen* wie Bakterien an (Abb. 4.2)[35]. Wird das Plastik von Tieren aufgenommen, können die Bakterien ein Risiko darstellen und Krankheiten auslösen[36]. Außerdem können die *Mikroorganismen* die Zerkleinerung von Plastik in der Umwelt beschleunigen[37] und damit die Menge kleinster *Plastikpartikel*, die verschluckt werden können, erhöhen.

In den beschriebenen Beispielen geht das Risiko nicht vom Plastik bzw. von den *Polymeren* selbst aus, sondern von beigefügten bzw. angelagerten Stoffen. Um das Risiko, das von Plastik in der Umwelt ausgeht, richtig einschätzen zu können, ist es daher ebenso wichtig, die Auswirkungen von *Additiven* und angelagerten Stoffen zu verstehen.

4.3 Wie kann Plastik als Transportmedium wirken?

Einmal in der Umwelt, kann Plastik über weite Strecken hinweg bewegt werden und nahezu jeden Winkel der Erde erreichen (s. Kapitel 3.1). Oft unternimmt das Plastik diese Reise jedoch nicht alleine, sondern kann als Transportmittel für andere Stoffe oder Organismen dienen (Abb. 4.3). Einige dieser Stoffe können schädliche Auswirkungen auf Lebewesen und damit die Umwelt haben (s. Kapitel 4.2). Die *Konzentrationen*, also die Menge pro Volumen, der Schadstoffe auf und im Plastik sind dabei häufig höher als die *Konzentrationen* im umgebenden Wasser. Dies liegt zum einen an den Eigenschaften des Plastiks, das im Wasser vorhandene Schadstoffe quasi „einsammelt", und zum anderen an den *Additiven* (= Zusatzstoffen), die Plastik während seiner Herstellung zugegeben werden[38,39].

Schadstoffe werden auch unabhängig von Plastik transportiert und verbreitet. Es gibt jedoch Schadstoffe, die sich mit der Zeit in der Umwelt

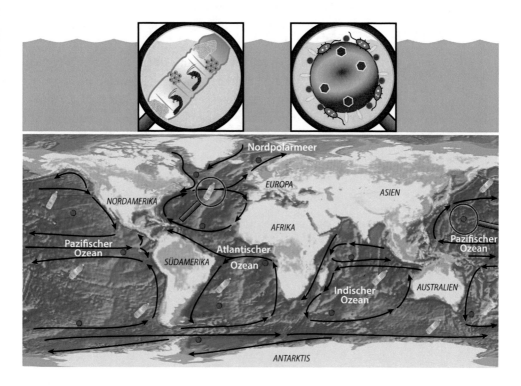

Abbildung 4.3: Plastik wird über die Meeresströmungen in alle Teile der Welt transportiert. Zusammen mit dem Plastik werden somit die im Plastik enthaltenen *Additive*, aber auch anhaftende Schadstoffe oder Lebewesen weltweit verbreitet.

zersetzen, sodass ihre Lebensdauer und ihre Verbreitungsfähigkeit begrenzt sind. Plastik kann dafür sorgen, dass Schadstoffe länger erhalten bleiben und damit über größere Entfernungen transportiert werden[39]. Dies gilt zum Beispiel für einige *Plastikadditive*. *Additive* sind nicht chemisch fest an das Plastik gebunden, sondern eher lose damit gemischt. Weil diese Mischung die *Additive* schützt, werden sie während des Transports über Meeresströmungen nur sehr langsam aus dieser gelöst[38,39]. Altert das Plastik durch Umwelteinflüsse, können auch die *Additive* freigesetzt werden. Ohne das Plastik als Transportmittel hätten diese Schadstoffe keine Chance, in Gebiete zu gelangen, die weit entfernt von dem Ort sind, an dem sie eingesetzt oder hergestellt wurden, weil sie zu schnell abgebaut würden. Die negativen Folgen, die die Schadstoffe für die Umwelt haben, werden also zusammen mit dem Plastik weltweit verbreitet[27,39].

Neben Schadstoffen und *Mikroorganismen* kann Plastik auch weitere Lebewesen transportieren, die sich auf dessen Oberfläche angesiedelt haben (Abb. 4.4)[40,41]. Es gibt Lebewesen, die eine Oberfläche benötigen, auf der sie wachsen können. Solche Lebewesen können sich in der Regel nicht selbst fortbewegen bzw. schaffen dies nur über sehr kurze Strecken. Die Auster, eine Muschelart, ist beispielsweise nicht in der Lage, sich aktiv fortzubewegen, sondern verbleibt an einem Ort und ist darauf angewiesen, dass Meeresströmungen ihr Nahrung liefern. Die Pazifische Auster stammt ursprünglich

Nesseltiere

Algen

Würmer

Moostierchen

Weichtiere

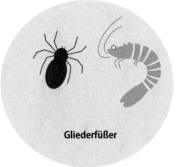
Gliederfüßer

Abbildung 4.4: Plastik kann als Transportmittel für sogenannte *invasive Arten* dienen. Vor allem Gliederfüßer, zum Beispiel Krebse, Weichtiere, zum Beispiel Muscheln, und sogenannte Moostierchen können sich an Plastikobjekten „festhalten" und dadurch über lange Strecken transportiert werden[44].

aus dem westlichen Pazifik. Mit der Hilfe des Menschen konnten die Austern ihren natürlichen Lebensraum verlassen. Zur Austernzucht wurden sie weltweit in Regionen angesiedelt, in denen sie nicht heimisch sind. Da sich die Pazifische Auster von den durch den Menschen angelegten Muschelfarmen weiter ausbreitet und einheimische Muscheln verdrängen kann, spricht man auch von einer *invasiven* (= eindringenden) *Art*[42]. Neben der absichtlichen Ansiedlung von Pazifischen Austern zur Muschelzucht könnte zum Teil auch der Transport mittels Plastik bei der Ausbreitung dieser Art mitgewirkt haben. Eine Forschergruppe wies neben anderen *invasiven Arten* auch die Pazifische Auster auf Müll nach, der in Spanien an den Strand gespült wurde[43]. Fast immer waren es Plastikobjekte, die von Lebewesen bevölkert waren, obwohl die Forscher*innen auch Glas oder Holz fanden. Außerdem war die Vielfalt des Lebens, also die Anzahl unterschiedlicher Arten, auf Plastikmüll deutlich höher als auf anderen Materialien. Plastik scheint also ein besonders gutes Transportmittel für viele Organismen zu sein.

Mit Organismen sind nicht zwangsläufig große, mit bloßem Auge sichtbare Lebewesen, wie Muscheln, gemeint. Kleine und kleinste *Plastikpartikel* kommen besonders häufig in unseren Meeren vor. Auch sie können Transportmittel für Lebewesen wie Bakterien oder Algen sein, die dadurch auch als *invasive Arten* auftreten können[45]. Die Oberfläche von Plastik kann sogar ganz besondere Organismengesellschaften, also bestimmte Zusammensetzungen von Arten, beherbergen[46]. Zwischen diesen Arten kann es auch zum Austausch von Genen kommen. Das bedeutet, dass bestimmte Erbinformationen zwischen den angelagerten Organismen ausgetauscht werden, die die Ausbildung bestimmter Merkmale oder Fähigkeiten beeinflussen. Zum Beispiel könnte die Widerstandsfähigkeit eines Bakteriums gegenüber klassischen Antibiotika auf ein anderes Bakterium übertragen werden. Plastik trägt durch den Transport von Organismen auf seiner Oberfläche somit möglicherweise auch zur Verbreitung von antibiotikaresistenten Bakterien bei[47].

4.4 Welches Risiko kann Plastik für den Menschen darstellen?

Viele der Risiken, die von Plastik in der Umwelt für Tiere ausgehen (s. Kapitel 4.1 und 4.2), lassen sich auch auf den Menschen übertragen. Wie bei Tieren, ist das Verschlucken von *Plastikpartikeln* bei Menschen möglich. Auf diesem Weg können auch *Additive* und anhaftende Schadstoffe in den menschlichen Körper gelangen. Im Gegensatz dazu ist das Verfangen in größerem Plastikmüll bei Menschen nicht zu erwarten. Auf welche Art und wie sehr ein Risiko von Plastik für den Menschen ausgeht, wird derzeit erforscht. Bisher ist eine exakte Abschätzung des Risikos noch nicht möglich. Dass Plastik unter gewissen Umständen auch schädliche Auswirkungen auf uns haben kann, scheint jedoch denkbar und wahrscheinlich. Dabei wird das höchste Risiko bei besonders kleinen *Plastikpartikeln*, also *Mikro-* oder *Nanoplastik*, erwartet. Aufgrund ihrer Größe ist es denkbar, dass solche *Plastikpartikel* tief in den menschlichen Körper eindringen.

Menschen können *Mikro-* und *Nanoplastik* auf unterschiedlichen Wegen aufnehmen (Abb. 4.5). Hierzu zählen das Einatmen von *Plastikpartikeln* und Fasern, das Verschlucken von Plastik sowie die Aufnahme von Plastik

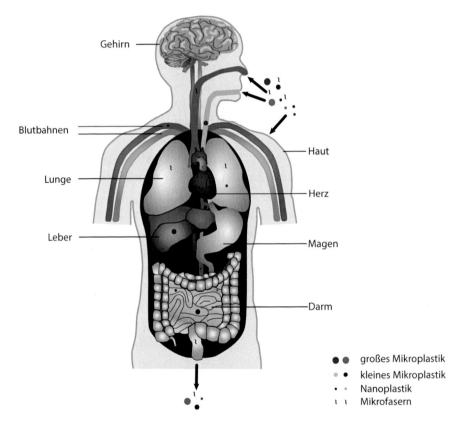

Abbildung 4.5: Menschen können *Mikroplastik* durch Einatmung oder Verschlucken sowie kleinste Partikel möglicherweise auch über die Haut aufnehmen. Wenn *Mikroplastik* erst einmal im menschlichen Körper ist, kann es in unterschiedliche Organe transportiert werden, entweder durch das Verdauungssystem oder auch über Blutbahnen. Ein Teil des Plastiks wird mit dem Stuhl wieder ausgeschieden.

über die Haut[48]. Mehrere Untersuchungen haben Plastik in der Luft, sowohl im Innen- als auch im Außenbereich, nachgewiesen[49,50]. Dass Menschen Plastik, genauso wie andere Stäube, einatmen, ist also sehr wahrscheinlich. Auch in Nahrungsmitteln ist Plastik bereits nachgewiesen worden. Untersuchungen fanden *Mikroplastik* zum Beispiel in Honig, Milch, Bier oder Tafelsalz[51–54]. Auch auf diesem Weg können Menschen Plastik aufnehmen, ohne es zu bemerken. Die Aufnahme von Plastik über die Haut wurde bislang noch nicht nachgewiesen und ist wahrscheinlich nur für *Nanoplastik* möglich[48].

Wenn Menschen Plastik aufnehmen, sollten sich *Plastikpartikel* auch im menschlichen Körper wiederfinden lassen. Die Untersuchung von Plastik im Menschen ist ein sehr junges Forschungsfeld, das Wissenschaftler*innen vor große Herausforderungen stellt, weil die eventuell schädlichen *Plastikpartikel* so klein sind. Bislang gibt es weltweit erst eine Handvoll Untersuchungen, die die Plastikaufnahme von Menschen nachweisen konnten. *Mikroplastik* wurde bereits in menschlichem Stuhl nachgewiesen. Erstmals geschah dies in einer Untersuchung aus Österreich[55], die später durch eine Untersuchung in Peking bestätigt wurde[56]. Dass Plastik in unsere Körper gelangt, ist also höchst wahrscheinlich. Die Frage ist nun, ob Plastik vollständig wieder ausgeschieden wird oder im Körper *akkumuliert* (= angesammelt) wird. In menschlicher Plazenta, auch Mutterkuchen genannt, wurde *Mikroplastik* in geringen Mengen ebenfalls nachgewiesen[57,58]. Die Menge an Plastik war jedoch so gering, dass die Ergebnisse der Untersuchung überprüft werden müssen. Ein Fund von Plastik außerhalb des menschlichen Verdauungstraktes oder der Atemwege wäre jedoch sehr bedeutsam. Es würde bedeuten, dass Plastik beispielsweise vom Darm aus in das Plazentagewebe transportiert wurde und es sich innerhalb des Körpers verbreiten kann. Wenn Plastik, zum Beispiel über die Blutbahn, im Körper bewegt wird[59], könnten fast alle Organe mit Plastik belastet sein. Erste Untersuchungen zeigen, dass sehr kleines *Mikro-* und *Nanoplastik* zum Teil in die Blutbahn bzw. das Herz-Kreislauf-System übergehen könnte[60,61]. Für solch kleine *Plastikpartikel* wäre sogar das Eindringen in menschliche Zellen denkbar, was Schäden oder Veränderungen an der Zelle selbst zur Folge haben könnte[62].

Letztendlich bleibt die Frage offen, welche Auswirkungen *Mikro-* und *Nanoplastik* auf unseren Körper haben könnten. Viel wird davon abhängen, wie häufig und in welchen Teilen des Körpers Plastik vorkommt. Einzelne mögliche Effekte lassen sich mithilfe von Untersuchungen zu Säugetieren oder von *Laborexperimenten* mit menschlichen Zellen vermuten[63,64]. Demnach könnte *Mikroplastik* Entzündungen auslösen, die wiederum weitere schädliche Auswirkungen möglich machen[64]. Außerdem fand eine Untersuchung in einer Textilfabrik in der Türkei einen Zusammenhang zwischen feinen Plastikfasern und dem Vorkommen von Lungenerkrankungen, auch Lungenentzündungen[65]. Mitarbeiter in einer Textilfabrik waren dabei doppelt so häufig von Lungenerkrankungen betroffen wie Menschen, die nicht in der Fabrik arbeiteten.

Aktuell bleiben viele Fragen zu den Auswirkungen von Plastik auf den Menschen noch ungeklärt. Deshalb ist Plastik und dessen Auswirkungen auf den Menschen ein zentrales Thema in der Plastik-Forschung. In Zukunft werden neue Erkenntnisse dazu beitragen, das Risiko von Plastik in der Umwelt für Menschen besser zu verstehen.

Literatur

[1] Ryan, P. G. Entanglement of Birds in Plastics and Other Synthetic Materials. *Mar. Pollut. Bull.* 2018, *135*, 159–164. https://doi.org/10.1016/j.marpolbul.2018.06.057.

[2] Votier, S. C.; Archibald, K.; Morgan, G.; Morgan, L. The Use of Plastic Debris as Nesting Material by a Colonial Seabird and Associated Entanglement Mortality. *Mar. Pollut. Bull.* 2011, *62* (1), 168–172. https://doi.org/10.1016/j.marpolbul.2010.11.009.

[3] Ryan, P. G. Ingestion of Plastics by Marine Organisms. In *Hazardous Chemicals Associated with Plastics in the Marine Environment*; Takada, H., Karapanagioti, H. K., Hrsg.; The Handbook of Environmental Chemistry; Springer International Publishing: Cham, 2016; Vol. 78, pp 235–266. https://doi.org/10.1007/698_2016_21.

[4] Van Cauwenberghe, L.; Janssen, C. R. Microplastics in Bivalves Cultured for Human Consumption. *Environ. Pollut.* 2014, *193*, 65–70. https://doi.org/10.1016/j.envpol.2014.06.010.

[5] Wang, W.; Ge, J.; Yu, X. Bioavailability and Toxicity of Microplastics to Fish Species: A Review. *Ecotoxicol. Environ. Saf.* 2020, *189*, 109913. https://doi.org/10.1016/j.ecoenv.2019.109913.

[6] Walkinshaw, C.; Lindeque, P. K.; Thompson, R.; Tolhurst, T.; Cole, M. Microplastics and Seafood: Lower Trophic Organisms at Highest Risk of Contamination. *Ecotoxicol. Environ. Saf.* 2020, *190*, 110066. https://doi.org/10.1016/j.ecoenv.2019.110066.

[7] Ory, N. C.; Sobral, P.; Ferreira, J. L.; Thiel, M. Amberstripe Scad Decapterus Muroadsi (Carangidae) Fish Ingest Blue Microplastics Resembling Their Copepod Prey along the Coast of Rapa Nui (Easter Island) in the South Pacific Subtropical Gyre. *Sci. Total Environ.* 2017, *586*, 430–437. https://doi.org/10.1016/j.scitotenv.2017.01.175.

[8] Fueser, H.; Mueller, M.-T.; Traunspurger, W. Rapid Ingestion and Egestion of Spherical Microplastics by Bacteria-Feeding Nematodes. *Chemosphere* 2020, *261*, 128162. https://doi.org/10.1016/j.chemosphere.2020.128162.

[9] Kühn, S.; Bravo Rebolledo, E. L.; van Franeker, J. A. Deleterious Effects of Litter on Marine Life. In *Marine Anthropogenic Litter*; Bergmann, M., Gutow, L., Klages, M., Hrsg.; Springer International Publishing: Cham, 2015; pp 75–116. https://doi.org/10.1007/978-3-319-16510-3_4.

[10] Wright, S. L.; Rowe, D.; Thompson, R. C.; Galloway, T. S. Microplastic Ingestion Decreases Energy Reserves in Marine Worms. *Curr. Biol.* 2013, *23* (23), R1031–R1033. https://doi.org/10.1016/j.cub.2013.10.068.

[11] Bessa, F.; Barría, P.; Neto, J. M.; Frias, J. P. G. L.; Otero, V.; Sobral, P.; Marques, J. C. Occurrence of Microplastics in Commercial Fish from a Natural Estuarine Environment. *Mar. Pollut. Bull.* 2018, *128*, 575–584. https://doi.org/10.1016/j.marpolbul.2018.01.044.

[12] Rahman, A.; Sarkar, A.; Yadav, O. P.; Achari, G.; Slobodnik, J. Potential Human Health Risks Due to Environmental Exposure to Nano- and Microplastics and Knowledge Gaps: A Scoping Review. *Sci. Total Environ.* 2021, *757*, 143872. https://doi.org/10.1016/j.scitotenv.2020.143872.

[13] He, D.; Luo, Y.; Lu, S.; Liu, M.; Song, Y.; Lei, L. Microplastics in Soils: Analytical Methods, Pollution Characteristics and Ecological Risks. *TrAC Trends Anal. Chem.* 2018, *109*, 163–172. https://doi.org/10.1016/j.trac.2018.10.006.

[14] Bläsing, M.; Amelung, W. Plastics in Soil: Analytical Methods and Possible Sources. *Sci. Total Environ.* 2018, *612*, 422–435. https://doi.org/10.1016/j.scitotenv.2017.08.086.

[15] Austen, K.; MacLean, J.; Balanzategui, D.; Hölker, F. Microplastic Inclusion in Birch Tree Roots. *Sci. Total Environ.* 2022, *808*, 152085. https://doi.org/10.1016/j.scitotenv.2021.152085.

[16] Li, L.; Luo, Y.; Li, R.; Zhou, Q.; Peijnenburg, W. J. G. M.; Yin, N.; Yang, J.; Tu, C.; Zhang, Y. Effective Uptake of Submicrometre Plastics by Crop Plants via a Crack-Entry Mode. *Nat. Sustain.* 2020, *3* (11), 929–937. https://doi.org/10.1038/s41893-020-0567-9.

[17] Giorgetti, L.; Spanò, C.; Muccifora, S.; Bottega, S.; Barbieri, F.; Bellani, L.; Ruffini Castiglione, M. Exploring the Interaction between Polystyrene Nanoplastics and Allium Cepa during Germination: Internalization in Root Cells, Induction of Toxicity and Oxidative Stress. *Plant Physiol. Biochem.* 2020, *149*, 170–177. https://doi.org/10.1016/j.plaphy.2020.02.014.

[18] Liu, Y.; Guo, R.; Zhang, S.; Sun, Y.; Wang, F. Uptake and Translocation of Nano/Microplastics by Rice Seedlings: Evidence from a Hydroponic Experiment. *J. Hazard. Mater.* 2022, *421*, 126700. https://doi.org/10.1016/j.jhazmat.2021.126700.

[19] Rillig, M. C.; Lehmann, A.; Souza Machado, A. A.; Yang, G. Microplastic Effects on Plants. *New Phytol.* 2019, *223* (3), 1066–1070. https://doi.org/10.1111/nph.15794.

[20] de Souza Machado, A. A.; Kloas, W.; Zarfl, C.; Hempel, S.; Rillig, M. C. Microplastics as an Emerging Threat to Terrestrial Ecosystems. *Glob. Change Biol.* 2018, *24* (4), 1405–1416. https://doi.org/10.1111/gcb.14020.

[21] Lozano, Y. M.; Lehnert, T.; Linck, L. T.; Lehmann, A.; Rillig, M. C. Microplastic Shape, Polymer Type, and Concentration Affect Soil Properties and Plant Biomass. *Front. Plant Sci.* 2021, *12*, 616645. https://doi.org/10.3389/fpls.2021.616645.

[22] Lozano, Y. M.; Rillig, M. C. Effects of Microplastic Fibers and Drought on Plant Communities. *Environ. Sci. Technol.* 2020, *54* (10), 6166–6173. https://doi.org/10.1021/acs.est.0c01051.

[23] Teuten, E. L.; Saquing, J. M.; Knappe, D. R. U.; Barlaz, M. A.; Jonsson, S.; Björn, A.; Rowland, S. J.; Thompson, R. C.; Galloway, T. S.; Yamashita, R.; Ochi, D.; Watanuki, Y.; Moore, C.; Viet, P. H.; Tana, T. S.; Prudente, M.; Boonyatumanond, R.; Zakaria, M. P.; Akkhavong, K.; Ogata, Y.; Hirai, H.; Iwasa, S.; Mizukawa, K.; Hagino, Y.; Imamura, A.; Saha, M.; Takada, H. Transport and Release of Chemicals from Plastics to the Environment and to Wildlife. *Philos. Trans. R. Soc. B Biol. Sci.* 2009, *364* (1526), 2027–2045. https://doi.org/10.1098/rstb.2008.0284.

[24] Lithner, D.; Larsson, Å.; Dave, G. Environmental and Health Hazard Ranking and Assessment of Plastic Polymers Based on Chemical Composition. *Sci. Total Environ.* 2011, *409* (18), 3309–3324. https://doi.org/10.1016/j.scitotenv.2011.04.038.

[25] UNEP. *Overview Report II: An Overview of Current Scientific Knowledge on the Life Cycles, Environmental Exposures, and Environmental Effects of Select Endocrine Disrupting Chemicals (EDCs) and Potential EDCs - Draft - Factsheet*; 2017.

[26] Jones, K. C.; de Voogt, P. Persistent Organic Pollutants (POPs): State of the Science. *Environ. Pollut.* 1999, *100* (1–3), 209–221. https://doi.org/10.1016/S0269-7491(99)00098-6.

[27] Andrady, A. L. Microplastics in the Marine Environment. *Mar. Pollut. Bull.* 2011, *62* (8), 1596–1605. https://doi.org/10.1016/j.marpolbul.2011.05.030.

[28] Rodrigues, J. P.; Duarte, A. C.; Santos-Echeandía, J.; Rocha-Santos, T. Significance of Interactions between Microplastics and POPs in the Marine Environment: A Critical Overview. *TrAC Trends Anal. Chem.* 2019, *111*, 252–260. https://doi.org/10.1016/j.trac.2018.11.038.

[29] Diepens, N. J.; Koelmans, A. A. Accumulation of Plastic Debris and Associated Contaminants in Aquatic Food Webs. *Environ. Sci. Technol.* 2018, *52* (15), 8510–8520. https://doi.org/10.1021/acs.est.8b02515.

[30] Bakir, A.; Rowland, S. J.; Thompson, R. C. Enhanced Desorption of Persistent Organic Pollutants from Microplastics under Simulated Physiological Conditions. *Environ. Pollut.* 2014, *185*, 16–23. https://doi.org/10.1016/j.envpol.2013.10.007.

[31] Kleinteich, J.; Seidensticker, S.; Marggrander, N.; Zarfl, C. Microplastics Reduce Short-Term Effects of Environmental Contaminants. Part II: Polyethylene Particles Decrease the Effect of Polycyclic Aromatic Hydrocarbons on Microorganisms. *Int. J. Environ. Res. Public. Health* 2018, *15* (2), 287. https://doi.org/10.3390/ijerph15020287.

[32] Rochman, C. M. The Complex Mixture, Fate and Toxicity of Chemicals Associated with Plastic Debris in the Marine Environment. In *Marine Anthropogenic Litter*; Bergmann, M., Gutow, L., Klages, M., Hrsg.; Springer International Publishing: Cham, 2015; pp 117–140. https://doi.org/10.1007/978-3-319-16510-3_5.

[33] Guderian, R., Hrsg. *Handbuch der Umweltveränderungen und Ökotoxikologie*; Springer Berlin Heidelberg: Berlin, Heidelberg, 2001. https://doi.org/10.1007/978-3-642-56413-0.

[34] Khalid, N.; Aqeel, M.; Noman, A.; Khan, S. M.; Akhter, N. Interactions and Effects of Microplastics with Heavy Metals in Aquatic and Terrestrial Environments. *Environ. Pollut.* 2021, *290*, 118104. https://doi.org/10.1016/j.envpol.2021.118104.

[35] Steer, M.; Thompson, R. C. Plastics and Microplastics: Impacts in the Marine Environment. In *Mare Plasticum – The Plastic Sea*; Streit-Bianchi, M., Cimadevila, M., Trettnak, W., Hrsg.; Springer International Publishing: Cham, 2020; pp 49–72. https://doi.org/10.1007/978-3-030-38945-1_3.

[36] Viršek, M. K.; Lovšin, M. N.; Koren, Š.; Kržan, A.; Peterlin, M. Microplastics as a Vector for the Transport of the Bacterial Fish Pathogen Species Aeromonas Salmonicida. *Mar. Pollut. Bull.* 2017, *125* (1–2), 301–309. https://doi.org/10.1016/j.marpolbul.2017.08.024.

[37] Wang, J.; Peng, C.; Li, H.; Zhang, P.; Liu, X. The Impact of Microplastic-Microbe Interactions on Animal Health and Biogeochemical Cycles: A Mini-Review. *Sci. Total Environ.* 2021, *773*, 145697. https://doi.org/10.1016/j.scitotenv.2021.145697.

[38] Teuten, E. L.; Rowland, S. J.; Galloway, T. S.; Thompson, R. C. Potential for Plastics to Transport Hydrophobic Contaminants. *Environ. Sci. Technol.* 2007, *41* (22), 7759–7764. https://doi.org/10.1021/es071737s.

[39] Andrade, H.; Glüge, J.; Herzke, D.; Ashta, N. M.; Nayagar, S. M.; Scheringer, M. Oceanic Long-Range Transport of Organic Additives Present in Plastic Products: An Overview. *Environ. Sci. Eur.* 2021, *33* (1), 85. https://doi.org/10.1186/s12302-021-00522-x.

[40] Rech, S.; Thiel, M.; Borrell Pichs, Y. J.; García-Vazquez, E. Travelling Light: Fouling Biota on Macroplastics Arriving on Beaches of Remote Rapa Nui (Easter Island) in the South Pacific Subtropical Gyre. *Mar. Pollut. Bull.* 2018, *137*, 119–128. https://doi.org/10.1016/j.marpolbul.2018.10.015.

[41] Barnes, D. K. A.; Galgani, F.; Thompson, R. C.; Barlaz, M. Accumulation and Fragmentation of Plastic Debris in Global Environments. *Philos. Trans. R. Soc. B Biol. Sci.* 2009, *364* (1526), 1985–1998. https://doi.org/10.1098/rstb.2008.0205.

[42] Asmus, H.; Asmus, R. Muschelbänke, Seegraswiesen und Watten an Sand- und Schlickküsten. In *Faszination Meeresforschung*; Hempel, G., Bischof, K., Hagen, W., Hrsg.; Springer Berlin Heidelberg: Berlin, Heidelberg, 2017; pp 261–272. https://doi.org/10.1007/978-3-662-49714-2_25.

[43] Rech, S.; Borrell Pichs, Y. J.; García-Vazquez, E. Anthropogenic Marine Litter Composition in Coastal Areas May Be a Predictor of Potentially Invasive Rafting Fauna. *PLOS ONE* 2018, *13* (1), e0191859. https://doi.org/10.1371/journal.pone.0191859.

[44] García-Gómez, J. C.; Garrigós, M.; Garrigós, J. Plastic as a Vector of Dispersion for Marine Species With Invasive Potential. A Review. *Front. Ecol. Evol.* 2021, *9*, 629756. https://doi.org/10.3389/fevo.2021.629756.

[45] Zettler, E. R.; Mincer, T. J.; Amaral-Zettler, L. A. Life in the "Plastisphere": Microbial Communities on Plastic Marine Debris. *Environ. Sci. Technol.* 2013, *47* (13), 7137–7146. https://doi.org/10.1021/es401288x.

[46] Amaral-Zettler, L. A.; Zettler, E. R.; Mincer, T. J. Ecology of the Plastisphere. *Nat. Rev. Microbiol.* 2020, *18* (3), 139–151. https://doi.org/10.1038/s41579-019-0308-0.

[47] Arias-Andres, M.; Klümper, U.; Rojas-Jimenez, K.; Grossart, H.-P. Microplastic Pollution Increases Gene Exchange in Aquatic Ecosystems. *Environ. Pollut.* 2018, *237*, 253–261. https://doi.org/10.1016/j.envpol.2018.02.058.

[48] Prata, J. C.; da Costa, J. P.; Lopes, I.; Duarte, A. C.; Rocha-Santos, T. Environmental Exposure to Microplastics: An Overview on Possible Human Health Effects. *Sci. Total Environ.* 2020, *702*, 134455. https://doi.org/10.1016/j.scitotenv.2019.134455.

[49] Dris, R.; Gasperi, J.; Rocher, V.; Saad, M.; Renault, N.; Tassin, B. Microplastic Contamination in an Urban Area: A Case Study in Greater Paris. *Environ. Chem.* 2015, *12* (5), 592. https://doi.org/10.1071/EN14167.

[50] Gaston, E.; Woo, M.; Steele, C.; Sukumaran, S.; Anderson, S. Microplastics Differ Between Indoor and Outdoor Air Masses: Insights from Multiple Microscopy Methodologies. *Appl. Spectrosc.* 2020, *74* (9), 1079–1098. https://doi.org/10.1177/0003702820920652.

[51] Liebezeit, G.; Liebezeit, E. Non-Pollen Particulates in Honey and Sugar. *Food Addit. Contam. Part A* 2013, *30* (12), 2136–2140. https://doi.org/10.1080/19440049.2013.843025.

[52] Yang, D.; Shi, H.; Li, L.; Li, J.; Jabeen, K.; Kolandhasamy, P. Microplastic Pollution in Table Salts from China. *Environ. Sci. Technol.* 2015, *49* (22), 13622–13627. https://doi.org/10.1021/acs.est.5b03163.

[53] Kosuth, M.; Mason, S. A.; Wattenberg, E. V. Anthropogenic Contamination of Tap Water, Beer, and Sea Salt. *PLOS ONE* 2018, *13* (4), e0194970. https://doi.org/10.1371/journal.pone.0194970.

[54] Kutralam-Muniasamy, G.; Pérez-Guevara, F.; Elizalde-Martínez, I.; Shruti, V. C. Branded Milks – Are They Immune from Microplastics Contamination? *Sci. Total Environ.* 2020, *714*, 136823. https://doi.org/10.1016/j.scitotenv.2020.136823.

[55] Schwabl, P.; Köppel, S.; Königshofer, P.; Bucsics, T.; Trauner, M.; Reiberger, T.; Liebmann, B. Detection of Various Microplastics in Human Stool: A Prospective Case Series. *Ann. Intern. Med.* 2019, *171* (7), 453. https://doi.org/10.7326/M19-0618.

[56] Zhang, N.; Li, Y. B.; He, H. R.; Zhang, J. F.; Ma, G. S. You Are What You Eat: Microplastics in the Feces of Young Men Living in Beijing. *Sci. Total Environ.* 2021, *767*, 144345. https://doi.org/10.1016/j.scitotenv.2020.144345.

[57] Braun, T.; Ehrlich, L.; Henrich, W.; Koeppel, S.; Lomako, I.; Schwabl, P.; Liebmann, B. Detection of Microplastic in Human Placenta and Meconium in a Clinical Setting. *Pharmaceutics* 2021, *13* (7), 921. https://doi.org/10.3390/pharmaceutics13070921.

[58] Ragusa, A.; Svelato, A.; Santacroce, C.; Catalano, P.; Notarstefano, V.; Carnevali, O.; Papa, F.; Rongioletti, M. C. A.; Baiocco, F.; Draghi, S.; D'Amore, E.; Rinaldo, D.; Matta, M.; Giorgini, E. Plasticenta: First Evidence of Microplastics in Human Placenta. *Environ. Int.* 2021, *146*, 106274. https://doi.org/10.1016/j.envint.2020.106274.

[59] Leslie, H. A.; van Velzen, M. J. M.; Brandsma, S. H.; Vethaak, A. D.; Garcia-Vallejo, J. J.; Lamoree, M. H. Discovery and Quantification of Plastic Particle Pollution in Human Blood. *Environ. Int.* 2022, 107199. https://doi.org/10.1016/j.envint.2022.107199.

[60] Carr, K. E.; Smyth, S. H.; McCullough, M. T.; Morris, J. F.; Moyes, S. M. Morphological Aspects of Interactions between Microparticles and Mammalian Cells: Intestinal Uptake and Onward Movement. *Prog. Histochem. Cytochem.* 2012, *46* (4), 185–252. https://doi.org/10.1016/j.proghi.2011.11.001.

[61] Schmidt, C.; Lautenschlaeger, C.; Collnot, E.-M.; Schumann, M.; Bojarski, C.; Schulzke, J.-D.; Lehr, C.-M.; Stallmach, A. Nano- and Microscaled Particles for Drug Targeting to Inflamed Intestinal Mucosa—A First in Vivo Study in Human Patients. *J. Controlled Release* 2013, *165* (2), 139–145. https://doi.org/10.1016/j.jconrel.2012.10.019.

[62] Ramsperger, A. F. R. M.; Narayana, V. K. B.; Gross, W.; Mohanraj, J.; Thelakkat, M.; Greiner, A.; Schmalz, H.; Kress, H.; Laforsch, C. Environmental Exposure Enhances the Internalization of Microplastic Particles into Cells. *Sci. Adv.* 2020, *6* (50), eabd1211. https://doi.org/10.1126/sciadv.abd1211.

[63] Jeong, C.-B.; Kang, H.-M.; Lee, M.-C.; Kim, D.-H.; Han, J.; Hwang, D.-S.; Souissi, S.; Lee, S.-J.; Shin, K.-H.; Park, H. G.; Lee, J.-S. Adverse Effects of Microplastics and Oxidative Stress-Induced MAPK/Nrf2 Pathway-Mediated Defense Mechanisms in the Marine Copepod Paracyclopina Nana. *Sci. Rep.* 2017, *7* (1), 41323. https://doi.org/10.1038/srep41323.

[64] Yong, C.; Valiyaveettil, S.; Tang, B. Toxicity of Microplastics and Nanoplastics in Mammalian Systems. *Int. J. Environ. Res. Public. Health* 2020, *17* (5), 1509. https://doi.org/10.3390/ijerph17051509.

[65] Atis, S. The Respiratory Effects of Occupational Polypropylene Flock Exposure. *Eur. Respir. J.* 2005, *25* (1), 110–117. https://doi.org/10.1183/09031936.04.00138403.

Wie kann Plastik in der Umwelt vermindert werden?

Um die Risiken, die von Plastik in der Umwelt ausgehen, zu verringern, muss einerseits dafür gesorgt werden, dass Plastik seltener in die Umwelt eingetragen wird. Hierbei ist es wichtig, Plastik als eine wertvolle Ressource und nicht als Abfallprodukt anzusehen und Plastikprodukte möglichst häufig wiederzuverwenden. Weitere Möglichkeiten, die in diesem Kapitel vorgestellt werden, sind der Einsatz von anderen und alternativen Materialien sowie ein teilweiser Verzicht auf die Nutzung von Plastikprodukten. Andererseits gibt es Überlegungen, das bereits in die Umwelt eingetragene Plastik mithilfe von sogenannten *Clean-Up*-Projekten wieder zu entfernen.

5.1 Welche alternativen Produkte gibt es?

Plastik ist ein praktisches Material, da es leicht, stabil und günstig ist. Gleichzeitig ist es sehr langlebig und kann daher vielfältige Probleme in der Umwelt verursachen. Ein erster Schritt, um diesen Problemen entgegenzuwirken, ist die Nutzung von *Mehrweg*-Plastikprodukten im Gegensatz zu *Einweg*-Plastikprodukten, die nur sehr kurz genutzt und schnell wieder entsorgt werden (s. Kapitel 1.5). Doch auch *Mehrweg*-Plastikprodukte haben nur eine bestimmte Lebensdauer und müssen nach ihrer Nutzung entsorgt werden.

Für bestimmte Anwendungen ist der Einsatz von anderen Materialien, wie Holz und Glas, denkbar. Häufig wird angenommen, dass beispielsweise Glasflaschen für Getränke nachhaltiger sind als Plastikflaschen[1]. Mehrere Untersuchungen haben jedoch gezeigt, dass auch Glasflaschen Nachteile haben können. Diese beziehen sich auf die Nachhaltigkeit und auf Auswirkungen auf den Klimawandel und sind vor allem auf einen hohen Verbrauch von Rohmaterial und den Energieverbrauch für die Herstellung zurückzuführen[2,3]. Außerdem kann das höhere Gewicht von Glasflaschen den Transport erschweren.

Ein weiteres alternatives Material, das heutzutage dem herkömmlichen Plastik gegenübersteht, ist das sogenannte *Bio-Plastik*. Dieses wurde entwickelt, um die positiven Eigenschaften von Plastik zu erhalten, aber gleichzeitig den begrenzten Rohstoff Erdöl, aus dem Plastik hergestellt wird, zu schonen und eine schnellere Abbaubarkeit zu ermöglichen. *Bio-Plastik* kann in drei Gruppen unterteilt werden (Abb. 5.1): Zum einen gibt es biobasiertes Plastik, das ganz oder teilweise aus nachwachsenden Rohstoffen

E. Hengstmann und M. Tamminga, *Plastik in der Umwelt*, https://doi.org/10.1007/978-3-662-65864-2_5

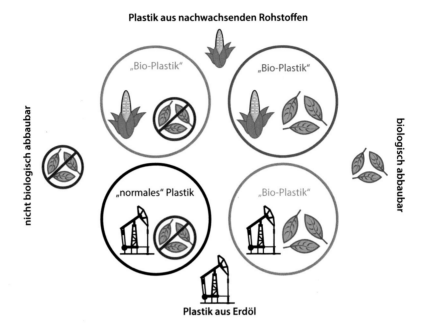

Abbildung 5.1: Es gibt verschiedene „Arten" von Plastik: Dem herkömmlichen Plastik, das aus Erdöl hergestellt wird und nicht *biologisch abbaubar* ist, steht das sogenannte *Bio-Plastik* gegenüber. *Bio-Plastik* kann aus nachwachsenden Rohstoffen hergestellt oder *biologisch abbaubar* sein. Außerdem gibt es *Bio-Plastik*, das beide Eigenschaften vereint.

wie zum Beispiel Mais hergestellt wird. Zum anderen gibt es *biologisch abbaubares* Plastik, das sich unter bestimmten Bedingungen vollständig zersetzt. Die dritte Gruppe bildet Plastik, das sowohl aus nachwachsenden Rohstoffen hergestellt wird als auch gleichzeitig *biologisch abbaubar* ist[4]. Der Anteil von *Bio-Plastik* an der weltweiten Plastikproduktion ist mit bisher weniger als 1 % noch sehr gering. Im Jahr 2019 wurden weltweit 368 Millionen Tonnen Plastik produziert[5], davon waren nur circa 2,1 Millionen Tonnen *Bio-Plastik*, das vorwiegend als Verpackungsmaterial eingesetzt wurde[6].

Bio-Plastik ist jedoch nicht immer eine umweltschonende Alternative. Für die Herstellung dieses Plastiks werden Pflanzen benötigt, die Nahrungspflanzen von den Feldern verdrängen und so weitere Probleme schaffen können[7]. Außerdem ist Bio-Plastik in der Umwelt nicht unbedingt vollständig abbaubar, selbst wenn es aus nachwachsenden Rohstoffen hergestellt wird. Auch dieses Plastik kann über viele Jahre in der Umwelt verbleiben

Exkurs: Was kann ich selbst zur Vermeidung von Plastik tun?

Im ersten Moment erscheinen die eigenen Beiträge zum Umweltschutz und zur Plastikvermeidung klein und wenig erfolgreich. Dennoch haben sie eine entscheidende Bedeutung, um als Gruppe über kleine Schritte ans Ziel zu kommen[11]. Es gibt bereits eine Vielzahl von Vereinen, in denen sich Menschen zusammengefunden haben, um sich für eine plastikfreie Umwelt einzusetzen, und in denen jede*r sich einbringen kann. Zusätzlich sind im Folgenden Beispiele genannt, wie kleine Beiträge Plastik im Alltag vermeiden können.

Die Vermeidung von Plastikmüll ist möglich, indem beispielsweise Produkte ohne Plastikverpackung auf Märkten oder in sogenannten „Unverpackt Läden" gekauft werden. In „Unverpackt Läden" werden Behälter, zum Beispiel Gläser, mitgebracht, befüllt und an der Kasse ausgewogen. Bei manchen Produkten ist es einfacher, auf die Produktverpackung beim Kauf zu verzichten, als bei anderen. In einzelnen Fällen kann auch die eigene Herstellung eine Alternative sein. Zum Beispiel lässt sich Joghurt relativ einfach selber herstellen, sodass die Plastik- und Aluminiumverpackung vermieden werden kann.

Und auch zu Hause oder zum Transport könnten die Plastikfolie oder die Plastiktüte zum Einpacken durch Bienenwachstücher, Edelstahldosen oder Stoffbeutel ersetzt werden.

Noch schwieriger als die Vermeidung von Plastikverpackungen ist die Vermeidung von *Mikroplastik* in bestimmten Produkten.

Mikroplastik kommt in Kosmetikprodukten (s. Kapitel 5.4) oder auch Reinigungsmitteln nicht nur in fester, sondern auch in Form von *flüssigen Polymeren* vor. Ob ein Wasch-, Reinigungs- oder Pflegeprodukt *Mikroplastik* enthält, ist häufig nicht aus der Kennzeichnung auf der Verpackung herauszulesen, da hier nur eine grobe Angabe zu den Inhaltsstoffen gemacht werden muss[12].

Mithilfe der App „CodeCheck" ist es möglich, sich selber über die genauen Inhaltsstoffe von Produkten zu informieren, indem entweder Strichcodes gescannt oder Produkte gesucht werden können. Die App gibt auch an, ob *Mikroplastik* in Produkten enthalten ist. Plastik wird dabei als „schwer abbaubare *Polymere*" in der App aufgelistet.

und zu *Mikroplastik* zerfallen. *Biologisch abbaubar* bedeutet im Allgemeinen, dass sich ein Material durch die Hilfe von *Mikroorganismen* in einfachere Strukturen und Endprodukte wie Wasser und Kohlenstoffdioxid

(CO_2) abbauen lässt[8]. Auch wenn *biologisch abbaubares* Plastik so bezeichnet wird, ist es unter natürlichen Bedingungen jedoch selten *biologisch abbaubar*. Im Gegenteil, spezielle Bedingungen wie Temperaturen von mehr als 50 °C über mehrere Wochen oder Monate sind häufig nötig, damit das *Bio-Plastik* vollständig abgebaut wird[4]. Solche Bedingungen sind in der Umwelt aber selten vorzufinden. Deshalb sollten viele als *biologisch abbaubar* ausgewiesene Verpackungen nicht im Bio-Müll oder gar auf dem Kompost entsorgt werden, da ansonsten Plastikreste im Kompost verbleiben und diese wiederum, zum Beispiel beim Düngen, in der Umwelt verteilt werden[9]. *Bio-Plastik* kann daher die Probleme, die von Plastik in der Umwelt ausgehen, bisher noch nicht lösen. Auch für diese Materialien gilt, dass sie so häufig wie möglich wiederverwendet und *recycelt* werden sollten[10].

Abgesehen von alternativen Materialien, gibt es auch Möglichkeiten, Plastik teilweise oder komplett zu vermeiden (s. Exkurs), um anfallenden Plastikmüll zu verringern und den Abrieb von kleinsten Plastikpartikeln zu verhindern. Ob und inwiefern ein Verzicht auf Plastikmaterialien möglich ist, hängt jedoch stark von der Situation des einzelnen Menschen ab. Wenn es machbar ist, zumindest bestimmte Plastikprodukte nicht mehr zu benutzen, ist dies ein kleiner Schritt, den jeder zur Lösung des Plastikproblems in der Umwelt beitragen kann. Gleichzeitig müssen jedoch auch die industrielle Plastikwiederverwertung und -entsorgung verbessert werden.

5.2 Wie könnte ein nachhaltiger Wirtschaftskreislauf für Plastik aussehen?

Menschliches Leben ist ohne die Nutzung von natürlichen Rohstoffen, auch Ressourcen genannt, kaum denkbar. Ob nachfolgende Generationen die gleiche Möglichkeit zum Leben haben werden wie wir Menschen heutzutage hängt davon ab, wie diese Ressourcen genutzt werden. Eine Ressourcennutzung, die unseren Kindern und Enkelkindern die gleichen Chancen ermöglicht wie uns, wird auch als nachhaltige Nutzung bezeichnet. Da Plastik bisher in der Regel aus Erdöl und damit einem nicht-erneuerbaren Rohstoff hergestellt wird, stellt dessen nachhaltige Nutzung eine große Herausforderung dar. Hinzu kommt, dass eine falsche Entsorgung von Plastik die Umwelt und damit natürliche Ressourcen schädigen kann.

Neben dem Einsatz von alternativen Materialien, die Plastik ersetzen sollen (s. Kap. 5.1), ist auch eine andere Art der Nutzung und Wiederver-

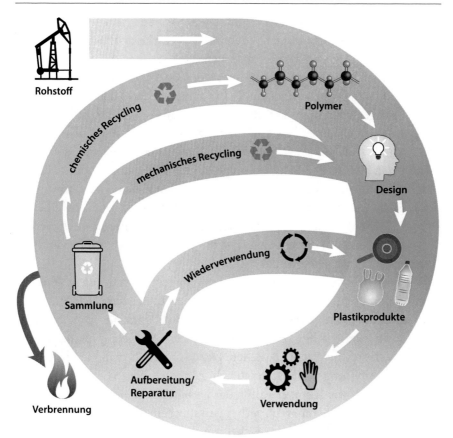

Abbildung 5.2: Eine mögliche *Kreislaufwirtschaft* für Plastikprodukte zielt auf eine häufige Wiederverwertung nach einer Aufbereitung, wie einer Reinigung oder Reparatur, ab. Wenn das nicht gelingt, werden Produkte mechanisch oder chemisch recycelt. Mechanisches *Recycling* ist zum Beispiel das Aufschmelzen einer *PET*-Flasche zur erneuten Herstellung einer *PET*-Flasche. Beim chemischen *Recycling* wird das Plastik in seine chemischen Bestandteile aufgespalten und zu einem neuen Produkt verarbeitet. Das chemische Recycling nimmt zum jetzigen Zeitpunkt nur einen sehr geringen Anteil ein. Wenn Plastikprodukte ihre maximale Anzahl an Kreisläufen erreichen, werden sie häufig verbrannt und damit thermisch *recycelt*. Die Ressourcen gehen dabei jedoch verloren.

wertung sinnvoll. Das sogenannte Konzept der *Kreislaufwirtschaft* wurde nicht speziell für Plastikprodukte entwickelt. Es hilft aber zu verstehen, wie sich unser Umgang mit Plastik ändern müsste, um Rohstoffe nachhaltiger zu nutzen. Bislang werden Plastikprodukte häufig linear (= geradlinig) genutzt, wobei es einen Anfang – die Rohstoffgewinnung – und ein Ende

5

5.2 Wie könnte ein nachhaltiger Wirtschaftskreislauf für Plastik aussehen?

– das Wegwerfen des Produkts – gibt. Die Rohstoffe, die hierbei zu einem Produkt, zum Beispiel zu einem Smartphone, verarbeitet werden, gehen am Ende der Nutzung verloren[13]. Im Gegensatz dazu hat die *Kreislaufwirtschaft* das Ziel, natürliche Rohstoffe effizienter und nachhaltiger zu verwenden. Um dies zu erreichen, sollen die Produkte wiederholt genutzt werden, sodass ein geschlossener Kreislauf entsteht (Abb. 5.2). Damit Produkte diesem Anspruch gerecht werden, müssen sie bereits bei ihrem Design (= Entwurf) langlebig gestaltet werden[14,15]. Das bedeutet auch, dass eine Reparatur von eventuellen Schäden möglich sein sollte, um Produkte länger zu nutzen, ohne dass sie ersetzt werden müssen. Erst wenn der Aufwand an zusätzlicher Energie oder Rohstoffen für die Wiederverwendung höher ist als der Aufwand zur Neuproduktion, werden die Produkte *recycelt*[14]. *Recycling* bedeutet in diesem Fall, dass die Rohstoffe des alten Produkts zu einem neuen verarbeitet werden.

Wie aber kann das Konzept der *Kreislaufwirtschaft* in Bezug auf Plastikprodukte umgesetzt werden? Es gibt bereits erste Beispiele, wie Produkte aus Plastik nachhaltiger genutzt werden können. Hersteller von Outdoor-Bekleidung ermöglichen beispielsweise eine häufigere Nutzung ihrer Produkte, die oft aus Plastik bestehen. Durch das Flicken von Löchern oder eine neue Besohlung von Wanderstiefeln können die Artikel repariert werden. Hierbei ist, wie schon erwähnt das Design entscheidend: Die Produkte müssen von vornherein reparierbar gestaltet sein. Auch für das *Recycling* müssen Plastikprodukte so entwickelt werden, dass dies leicht möglich ist. Das bedeutet vor allem, dass ein Produkt aus *recyceltem* Material die gleiche Qualität haben sollte wie das Originalprodukt, das *recycelt* wurde[16]. Aus einer Plastikflasche soll nach dem *Recycling* idealerweise wieder eine Plastikflasche von gleicher Qualität werden können. Damit das möglich ist, sollte eine Flasche möglichst nur aus einem einzigen *Polymer* bestehen. Plastikflaschen selbst bestehen zwar zum Großteil aus *PET*, Deckel und Etikett sind aber häufig aus anderen *Polymeren* (*PE/PP*) hergestellt. Um die Vermischung der Plastiksorten untereinander zu verhindern, wird dadurch beim *Recycling* ein aufwendigeres Sortieren nötig. Auch gefärbte Plastikflaschen führen beim *Recycling* zu Problemen, weil die Farbstoffe das Plastik verunreinigen und so dessen Qualität senken. Damit das *Recycling* möglichst einfach und effizient ist, sollten also keine Farbstoffe zugesetzt und möglichst wenig verschiedene *Polymere* genutzt werden[17].

Die *Kreislaufwirtschaft* stellt besonders für herkömmliches Plastik eher eine Idealvorstellung dar. Es ist unwahrscheinlich, einen vollständigen Kreislauf zu erreichen, sondern das Ziel sollte eher eine Annäherung daran sein. Letztendlich hat jedes Plastikprodukt eine maximale Anzahl an Kreisläufen, die es durchlaufen kann. Anschließend geht ein Großteil der Ressourcen des Produkts verloren. Deswegen ist für einen nachhaltigen Umgang mit natürlichen Rohstoffen auch die Vermeidung von Plastik (s. Kapitel 5.1) sinnvoll. Die *Kreislaufwirtschaft* kann aber ein möglicher Lösungsweg sein, wenn Plastik nicht leicht zu ersetzen ist oder die alternativen Materialien noch weniger nachhaltig sind[13].

5.3 Wie wird politisch mit dem Problem von Plastik in der Umwelt umgegangen?

Zur Reduzierung des Eintrags von Plastik in die Umwelt kann jeder einzelne Mensch einen Beitrag leisten, indem er*sie auf die Trennung von Plastikmüll und die Nutzung von *Mehrweg-* oder Alternativprodukten achtet oder so weit wie möglich auf Plastikmaterialien verzichtet. Neben diesem individuellen Beitrag ist eine grundsätzliche Regelung zum nachhaltigen Umgang mit Plastik entscheidend. Politische, gesetzliche Maßnahmen können genauso zur direkten Vermeidung von Plastikeinträgen in die Umwelt sowie zur Entwicklung von Alternativprodukten und Kreislaufsystemen für Plastik beitragen.

In Deutschland gibt es kein spezielles Gesetz in Bezug auf den Umgang mit Plastik. Stattdessen wird die Sammlung und Verwertung dieses Materials in unterschiedlichen Gesetzen und Verordnungen geregelt, wie dem *Kreislaufwirtschaftsgesetz*, dem *Verpackungsgesetz* oder der *Deponieverordnung*[18]. Der Unterschied zwischen einem Gesetz und einer Verordnung besteht darin, dass Gesetze vom Parlament festgelegt werden und beschreiben, was passieren soll, während in Verordnungen die genaue Umsetzung bestimmter Ziele geregelt ist und diese von der Verwaltung festgelegt werden[19]. Bereits 1991 ist die *Verpackungsverordnung* in Kraft getreten und regelte die Rücknahme, Erfassung und Verwertung von Verpackungsabfällen (Abb. 5.3). Im Zuge dessen wurde auch die Sammlung von Verpackungen aus dem Haushalt in den bekannten Gelben Säcken oder der Gelben Tonne eingeführt[18]. Im Januar 2019 hat das neue *Verpackungsgesetz* (VerpackG) die alte *Verpackungsverordnung* abgelöst. Mit diesem Gesetz wurde zum Beispiel die erforderliche *Recyclingquote* von Kunststoffen auf mindestens 63 % festgelegt (§ 16 Abs. 2 VerpackG). Auch das deutsche, seit 2012 bestehende *Kreislaufwirtschaftsgesetz* fördert insgesamt das *Recycling* von Abfällen. Außerdem wurden durch dieses Gesetz Maßnahmen zur Abfallvermeidung bestimmt[18].

5

5.3 Wie wird politisch mit dem Problem von Plastik in der Umwelt umgegangen?

Nicht nur in Deutschland, sondern auch europa- und weltweit gibt es offizielle Regelungen, um den Eintrag von Plastik in die Umwelt zu verringern (Abb. 5.3). Da länderübergreifend keine Gesetze erlassen werden können, werden die internationalen Maßnahmen gegen die Plastikverschmutzung meist in sogenannten Richtlinien oder Abkommen festgehalten. Ein sehr frühes Beispiel für ein weltweites Abkommen ist das *MARPOL 73/78*, das die Entsorgung von Plastik auf dem Meer seit 1988 verbietet[20] (s. Kap. 2.2). Einen Bezug zum Meer haben auch die *OSPAR*- (Oslo-Paris) und die *HELCOM*- (Helsinki) Kommissionen (= Ausschüsse),

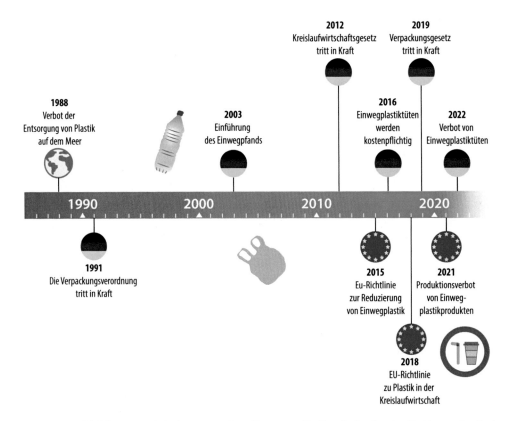

Abbildung 5.3: Seit den ersten Bemühungen, die Plastikeinträge in die Meere durch ein Verbot 1988 zu verringern, hat es weltweit weitere Bestrebungen gegeben, die Nutzung bestimmter Plastikprodukte zu reduzieren bzw. zu regeln. Auch die Europäische Union beschäftigt sich seit den 2010er-Jahren intensiv mit der Nutzung von Plastik. Die Richtlinien der Europäischen Kommission wurden in der Folge auch in nationale Gesetzgebung umgesetzt.

die jeweils konkrete Pläne mit Maßnahmen zur Bekämpfung der Plastikverschmutzung im Nordatlantik bzw. in der Ostsee aufgestellt haben. Außerdem wurde 2018 eine europaweite Vorgehensweise für Plastik in einer *Kreislaufwirtschaft* entwickelt. Die Ziele sind dabei die Verbesserung von *Recycling*, die Reduzierung von Plastikabfall und die Entwicklung von Kreislauflösungen für das Material Plastik[21].

Im Laufe der Zeit wurden hierzu mehrere Richtlinien entwickelt, die in den Mitgliedsstaaten umgesetzt werden müssen. Von besonderer Bedeutung ist dabei die Richtlinie zum Umgang mit *Einweg-Plastikprodukten*, die zum Beispiel Strohhalme und To-go-Becher verbietet. Damit soll nicht nur Plastikmüll vermieden, sondern auch die Wiederverwendung von Plastikprodukten gestärkt werden[15].

Exkurs: Was wird in Bezug auf Mikroplastik in Kosmetik unternommen?

Viele kosmetische Produkte enthalten *Mikroplastik*. Es kann in Form von festen Partikeln in den Kosmetikartikeln vorkommen, wie beispielsweise bei Peelings, aber auch in flüssiger Form (s. Kap. 6.1). Bisher wurde die Zugabe von *Mikroplastik* in Kosmetika in Deutschland nicht gesetzlich verboten. Es gibt jedoch den sogenannten Kosmetikdialog, bei dem sich Hersteller freiwillig dazu verpflichtet haben, auf feste *Mikroplastikpartikel* in ihren abwaschbaren Produkten (Rinse-off-Produkte) zu verzichten[18]. Trotz dieser Selbstverpflichtung gelangt immer noch ein großer Teil von *Mikroplastik* aus Kosmetika in die Umwelt. In Deutschland sind das ca. 11 g pro Person pro Jahr[12]. Dies liegt zum einen daran, dass andere Kosmetikprodukte wie die sogenannten Leave-on-Produkte, die auf Haut und Haaren verbleiben, nicht in der Selbstverpflichtung inbegriffen sind. Zum anderen spielt die Ausnahme für *flüssige Polymere*, die einen entscheidenden Anteil in Kosmetikprodukten ausmachen, eine Rolle[12,22].

Auf europäischer Ebene hat die Europäische Chemikalienagentur (ECHA) gefordert, dass Produkte mit hinzugefügtem *Mikroplastik*, das anschließend in die Umwelt gelangen kann, reguliert und reduziert werden müssen[23]. Während einige Länder, wie Schweden und Frankreich, festes *Mikroplastik* in Rinse-off-Produkten bereits verboten haben, soll eine EU-weite Beschränkung voraussichtlich 2022 in Kraft treten. In den USA und Kanada wurden die Herstellung und der Verkauf von Kosmetikprodukten mit beigefügten *Mikroplastikkügelchen* bereits ebenfalls verboten[15].

5

5.3 Wie wird politisch mit dem Problem von Plastik in der Umwelt umgegangen?

Ein weiteres Beispiel für Maßnahmen gegen Plastik in der Umwelt ist die Einführung von gesetzlichen Regelungen für Plastiktüten (Abb. 5.4). Seit Juli 2016 waren Einwegplastiktüten an den Kassen in Deutschland nur noch kostenpflichtig, meist gegen einen Betrag von 5 oder 10 Cent, erhältlich. Die Anzahl an genutzten Plastiktüten pro Person ist dadurch bereits deutlich gesunken, von 68 Plastiktüten im Jahr 2015 auf 21 im Jahr 2019[7]. Seit Beginn des Jahres 2022 sind Einwegplastiktüten verboten. Allerdings gilt dieses Verbot nur für bestimmte Plastiktüten. Beispielsweise dürfen die sehr dünnen Plastikbeutel, die für Obst und Gemüse zum Einsatz kommen, immer noch genutzt werden[24]. Auch in vielen anderen Ländern sind Plastiktüten mittlerweile entweder kostenpflichtig oder verboten. Bereits 1994 wurde in Dänemark eine Gebühr für Plastiktüten erhoben und Bangladesch sowie Ruanda waren die ersten Länder, die Plastiktüten Anfang der

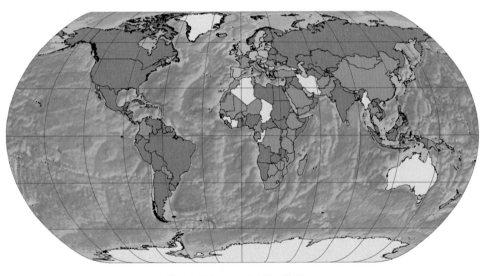

Einschränkungen bei Plastiktüten

◼ weitreichende Einschränkungen   ◻ andere Einschränkungen   ◻ keine Daten

◻ Verbot der kostenlosen Verteilung   ◼ keine Einschränkungen

Abbildung 5.4: In vielen Ländern der Welt wurden Gesetze erlassen, die den Verbrauch von Plastiktüten, besonders in Bezug auf dünne Plastiktüten, verringern sollen[25]. „Weitreichende Einschränkungen" umfassen Maßnahmen hinsichtlich der Produktion, des Vertriebs (auch Verbot der kostenlosen Ausgabe) und des Imports von Plastiktüten. Das Verbot der kostenlosen Ausgabe von Plastiktüten in Geschäften ist inzwischen in Asien und Europa weitverbreitet. „Andere Einschränkungen" betreffen zum Beispiel reine Importverbote für Plastiktüten oder regional unterschiedliche Gesetze.[26]

2000er-Jahre komplett verbannten[15]. Bis heute hat circa ein Drittel der Länder ein Verbot von zumindest bestimmten Plastiktüten erlassen oder Gebühren für diese eingeführt[25].

Die politischen und gesetzlichen Maßnahmen und Ansätze sind also sehr unterschiedlich und beziehen sich auf verschiedene Bereiche des Lebenszyklus von Plastik, von der Produktion über die Verwendung bis zum Umgang nach der Nutzung. Es gibt jedoch auch noch viele offene Fragen in diesem Zusammenhang. Beispielsweise fehlen Maßnahmen, die speziell den Umgang mit Reifenabrieb und den Eintrag von *Mikroplastik* durch Dünger in der Landwirtschaft regeln[18]. Außerdem betreffen bereits eingeführte Bestimmungen zum Teil nur sehr spezielle Produkte oder eine Produktkategorie nicht komplett, wie bei den Plastiktüten. Umweltverbände fordern zusätzlich eine noch schärfere Trennung von Abfällen und eine deutliche Erhöhung der *Recyclingquoten* in Deutschland sowie gesetzliche Vorgaben zum vermehrten Einsatz von wiederverwendeten Kunststoffen, den *Rezyklaten*[27]. Umfangreichere und gezieltere Maßnahmen, eine Zusammenarbeit zwischen allen Ländern und ein noch stärkeres Umdenken und Umsetzen eines Plastikkreislaufsystems sind notwendig, um Lösungsansätze für das Problem der Plastikverschmutzung in der Umwelt weiterzuentwickeln.

5.4   Wie ließe sich Plastik wieder aus der Umwelt entfernen?

Es ist unstrittig, dass die schädlichen Auswirkungen von Plastik in der Umwelt langfristig nur begrenzt werden können, wenn die Plastikeinträge verringert und so der Plastikverschmutzung der „Hahn abgedreht" wird. Doch nur dafür zu sorgen, dass kein neues Plastik in die Umwelt gelangt, wird das Problem des Plastiks, das bereits durch unsere Meere schwimmt oder an unsere Strände gespült wird, nicht beheben. Es gibt verschiedene Initiativen (= Gruppen von Menschen mit einem gemeinsamen Ziel), die sich mit der Aufgabe beschäftigen, Plastik wieder aus der Umwelt zu entfernen. Solche Projekte werden in der Regel unter dem Begriff „*Clean-Up*" zusammengefasst, dem englischen Ausdruck für Reinigung oder Aufräumen. *Clean-Up*-Projekte sind so vielfältig wie die Orte, an denen Plastik in der Umwelt zu finden ist. Die Reinigung der Ozeane und der Strände entlang der Küsten stehen dabei aber besonders im Fokus (Abb. 5.5).

Sogenannte Beach-*Clean-Ups*, also Reinigungsaktionen am Strand, befreien Strände von Müll (Abb. 5.6). Hierbei werden die Strände organisiert abgesucht und der angespülte Müll eingesammelt[28]. Plastik stellt dabei

Abbildung 5.5: Sogenannte *Clean-Ups* sind Müllsammelaktionen, die daran arbeiten, Plastik aus der Umwelt zu entfernen. Dabei gibt es sowohl *Clean-Up*-Projekte, die Strände reinigen, als auch solche, die versuchen, die Ozeane von Plastik zu befreien. Letztere werden auch als Ocean-*Clean-Ups* bezeichnet und erfordern häufig den Einsatz großer Maschinen, die viel Geld kosten.

häufig einen sehr großen Anteil am Strandmüll dar. Das Beach-*Clean-Up* ist eine der ältesten und häufigsten Formen von *Clean-Up*-Initiativen. Sie sind auch deshalb so weitverbreitet, weil saubere Strände von Urlaubern erwünscht sind und der Tourismussektor daher Reinigungsaktionen unterstützt[29]. In Europa zählt die Initiative Plastikpiraten (engl. Plastic Pirates) zu den bekannten Projekten. Ziel der Plastikpiraten ist es, den Müll schon entlang von Flüssen einzusammeln, damit dieser gar nicht erst in die Meere gelangt. Die Sammelaktionen beziehen dabei Schulklassen und Jugendgruppen mit ein, um sie so mit dem Thema vertraut zu machen (www.plastic-pirates.eu).

Auch für die Meere gibt es Ansätze, um sie vom Plastik zu befreien. Verschiedene Initiativen und Unternehmen haben das Ziel, im Ozean treibendes Plastik einzusammeln und es dann an Land oder auf See zu *recyceln*. Häufig werden dazu Netze eingesetzt, die das Plastik auffangen und in einem Behälter sammeln. Einige Initiativen nutzen Schiffe, um die Netze durchs Wasser zu ziehen, während andere fest verankerte Netze planen, in die das Plastik durch Meeresströmungen hineintreiben soll[29,31]. Die Initiative „The Ocean Cleanup" wurde 2013 von dem damals 18-jährigen Boyan Slat in den Niederlanden gegründet und ist seitdem weltweit bekannt ge-

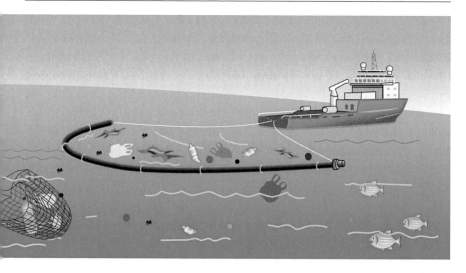

worden. „The Ocean Cleanup" hat sich das Ziel gesetzt, 90 % des in den Ozeanen schwimmenden Plastikmülls zu entfernen, indem große Netze in die Müllstrudel der Weltmeere (s. Kap. 3.2) eingebracht werden (www. theoceancleanup.com). Außerdem ist ein Sammelsystem für die 1.000 am stärksten durch Plastik verschmutzten Flüsse geplant, sodass möglichst kein weiteres Plastik in die Ozeane gelangt. Das eingesammelte Plastik soll *recycelt* und für neue Produkte genutzt werden. Der Verkauf dieser Produkte soll die Kosten für die *Clean-Ups* decken.

Insbesondere die *Clean-Up*-Projekte im Ozean sind zum Teil in der Wissenschaft umstritten[32]. Auf der einen Seite schärfen solche Projekte das Bewusstsein für das Problem der Plastikverschmutzung[33]. Außerdem ist positiv, dass die Forschung zur Entwicklung von Sammeltechniken für Plastik durch Ozean-*Clean-Up*-Projekte gefördert wird und eine große Anzahl von Menschen in sogenannten Bürgerwissenschaftsprojekten (engl. citizen science) eingebunden werden können[31]. Auf der anderen Seite kann kritisiert werden, dass die gesellschaftliche Aufmerksamkeit verschoben wird von der Vermeidung von Plastikmüll hin zu einer scheinbar einfachen Lösung, im Nachhinein das Plastik wieder einzusammeln. Abgesehen von dieser grundsätzlichen Kritik, wird auch die Umsetzbarkeit von *Clean-Up*-Projekten infrage gestellt. Um bis zum Jahr 2150 eine sichtbare Verringerung des Plastiks im Ozean zu erreichen, müssten laut einer *Modellrechnung* nicht nur 200 Müllsammelnetze in den Ozeanen, sondern auch Müllschranken in allen großen Flüssen weltweit eingesetzt werden[33]. Dies würde sehr hohe Kosten bedeuten[34], weshalb vorgeschlagen wird, sich weiterhin auf die Vermeidung neuer Plastikeinträge zu konzentrieren[29,33].

Selbst wenn eine Entnahme des Plastiks aus den Ozeanen gelingt, wäre dieses Plastik kaum zum *Recycling* geeignet, da es lange in der Umwelt „gealtert" und somit verändert ist. Als Alternative blieben nur *Mülldeponien* oder die Verbrennung des Plastikmülls, was wiederum CO_2 freisetzen und damit den Klimawandel verstärken könnte[33]. Ein weiterer Kritikpunkt ist, dass die Plastiksammelsysteme auch Tiere und Pflanzen, sozusagen als Beifang, aus dem Ozean fischen und damit dem Ökosystem schaden könnten[29,31]. Hinzu kommt, dass fast alle *Clean-Up*-Projekte auf *Makroplastik* beschränkt sind, weil die Sammlung von *Mikro-* oder *Nanoplastik* eine noch größere technische Herausforderung darstellt[29]. Die Menge an *Mikro-* und *Nanoplastik* wird also unabhängig von der Entfernung des großen Plastikmülls weiter zunehmen, auch weil bereits vorhandenes Plastik in der

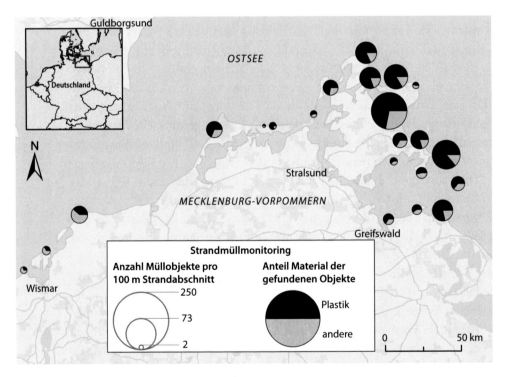

Abbildung 5.6: Wenn Beach-*Clean-Ups* wiederholt und nach wissenschaftlichen Regeln durchgeführt werden, kann auch die Forschung davon profitieren. In Deutschland wird versucht, mit dem sogenannten *Strandmüllmonitoring* die Menge und Zusammensetzung des angespülten Mülls zu überwachen. Diese Karte zeigt die Ergebnisse für die Ostseeküste in Mecklenburg-Vorpommern[30]. Häufig besteht der eingesammelte Müll dabei vor allem aus Plastik.[26]

Umwelt weiter zerfällt (s. Kap. 3.2). Entscheidend wird neben Clean-Up-Projekten die Reduzierung der Plastiknutzung sein, damit weniger Plastikmüll in die Umwelt gelangt.

Literatur

[1] Boesen, S.; Bey, N.; Niero, M. Environmental Sustainability of Liquid Food Packaging: Is There a Gap between Danish Consumers' Perception and Learnings from Life Cycle Assessment? *Journal of Cleaner Production* 2019, *210*, 1193–1206. https://doi.org/10.1016/j.jclepro.2018.11.055.

[2] Ferrara, C.; De Feo, G.; Picone, V. LCA of Glass Versus PET Mineral Water Bottles: An Italian Case Study. *Recycling* 2021, *6* (3), 50. https://doi.org/10.3390/recycling6030050.

[3] Garfí, M.; Cadena, E.; Sanchez-Ramos, D.; Ferrer, I. Life Cycle Assessment of Drinking Water: Comparing Conventional Water Treatment, Reverse Osmosis and Mineral Water in Glass and Plastic Bottles. *J. Clean. Prod.* 2016, *137*, 997–1003. https://doi.org/10.1016/j.jclepro.2016.07.218.

[4] Havstad, M. R. Biodegradable Plastics. In *Plastic Waste and Recycling*; Elsevier, 2020; pp 97–129. https://doi.org/10.1016/B978-0-12-817880-5.00005-0.

[5] PlasticsEurope. Plastics – the Facts 2020. An Analysis of European Plastics Production, Demand and Waste Data., 2020. https://www.plasticseurope.org/de/resources/publications/4312-plastics-facts-2020. **Zugriff: 01.10.2021**

[6] European Bioplastics. *Bioplastics Facts and Figures*; 2019. https://docs.european-bioplastics.org/publications/EUBP_Facts_and_figures.pdf. **Zugriff: 26.01.2022.**

[7] Umweltbundesamt. *Aufkommen Und Verwertung von Verpackungsabfällen in Deutschland Im Jahr 2019. Abschlussbericht.*; Texte 148/2021; Umweltbundesamt: Dessau-Roßlau, 2021; p 260. https://www.umweltbundesamt.de/publikationen/aufkommen-verwertung-von-verpackungsabfaellen-in-15. **Zugriff: 17.02.2022.**

[8] United Nations, Hrsg. *Glossary of Environment Statistics*; Studies in methods. Series F; United Nations: New York, 1997.

[9] Löw, C.; Gröger, J.; Neles, C.; Wacker, M. *Biobasierte Und Biologisch Abbaubare Einwegverpackungen? Keine Lösung Für Verpackungsmüll!*; Umweltbundesamt, 2021. https://www.umweltbundesamt.de/sites/default/files/medien/5750/publikationen/210722_fachbrosch_5_bf.pdf. **Zugriff: 26.01.2022.**

[10] Lamberti, F. M.; Román-Ramírez, L. A.; Wood, J. Recycling of Bioplastics: Routes and Benefits. *J. Polym. Environ.* 2020, *28* (10), 2551–2571. https://doi.org/10.1007/s10924-020-01795-8.

[11] Hamann, K.; Baumann, A.; Löschinger, D. *Psychologie im Umweltschutz: Handbuch zur Förderung nachhaltigen Handelns*; Initiative Psychologie im Umweltschutz e.V: Magdeburg, 2016.

[12] Bertling, J.; Hamann, L.; Hiebel, M. Mikroplastik Und Synthetische Polymere in Kosmetikprodukten Sowie Wasch-, Putz- Und Reinigungsmitteln. 2018. https://doi.org/10.24406/UMSICHT-N-490773.

[13] Payne, J.; McKeown, P.; Jones, M. D. A Circular Economy Approach to Plastic Waste. *Polymer Degradation and Stability* 2019, *165*, 170–181. https://doi.org/10.1016/j.polymdegradstab.2019.05.014.

[14] Letcher, T. M. Introduction to Plastic Waste and Recycling. In *Plastic Waste and Recycling*; Elsevier, 2020; pp 3–12. https://doi.org/10.1016/B978-0-12-817880-5.00001-3.

[15] Syberg, K.; Nielsen, M. B.; Westergaard Clausen, L. P.; van Calster, G.; van Wezel, A.; Rochman, C.; Koelmans, A. A.; Cronin, R.; Pahl, S.; Hansen, S. F. Regulation of Plastic from a Circular Economy Perspective. *Current Opinion in Green and Sustainable Chemistry* 2021, *29*, 100462. https://doi.org/10.1016/j.cogsc.2021.100462.

[16] Simon, B. What Are the Most Significant Aspects of Supporting the Circular Economy in the Plastic Industry? *Resources, Conservation and Recycling* 2019, *141*, 299–300. https://doi.org/10.1016/j.resconrec.2018.10.044.

[17] Sheldon, R. A.; Norton, M. Green Chemistry and the Plastic Pollution Challenge: Towards a Circular Economy. *Green Chem.* 2020, *22* (19), 6310–6322. https://doi.org/10.1039/D0GC02630A.

[18] Mederake, L.; Hinzmann, M.; Langsdorf, S. *Hintergrundpapier: Plastikpolitik in Deutschland Und Der EU. Aktuelle Gesetze Und Initiativen*; Ecologic Institut: Berlin, 2020. https://bmbf-plastik.de/de/publikation/hintergrundpapier-plastikpolitik. Zugriff: 17.02.2022.

[19] Toyka-Seid, C.; Schneider, G. Verordnung/Rechtsverordnung. *Das junge Politik-Lexikon*; Bundeszentrale für politische Bildung: Bonn, 2022. https://www.hanisauland.de/wissen/lexikon/grosses-lexikon/v/verordnung.html. Zugriff: 17.02.2022.

[20] Hagen, P. E. The International Community Confronts PlasticsPollution from Ships: MARPOL Annex V and TheProblem That Won't Go Away. *American University International Law Review* 1990, *5* (2), 425–496.

[21] Kosior, E.; Crescenzi, I. Solutions to the Plastic Waste Problem on Land and in the Oceans. In *Plastic Waste and Recycling*; Elsevier, 2020; pp 415–446. https://doi.org/10.1016/B978-0-12-817880-5.00016-5.

[22] Greenpeace. *Zum Abschminken – Plastik in Kosmetik*; Greenpeace Report; Hamburg, 2021; p 25. https://www.greenpeace.de/publikationen/abschminken-plastik-kosmetik. Zugriff: 22.02.2022.

[23] ECHA (European Chemicals Agency). *ANNEX XV Restriction Report. Proposal for a Restriction. Intentionally Added Microplastics*; Helsinki, 2019; p 145. https://echa.europa.eu/documents/10162/05bd96e3-b969-0a7c-c6d0-441182893720. Zugriff: 02.03.2022.

[24] Bundesregierung.de. Änderung Des Verpackungsgesetzes. Dünne Plastiktüten Verboten., 2021. https://www.bundesregierung.de/breg-de/suche/dunne-plastiktueten-verboten-1688818. Zugriff: 17.02.2022.

[25] UNEP. *Legal Limits on Single-Use Plastics and Microplastics: A Global Review of National Laws and Regulations*; 2018; p 113. https://www.unep.org/resources/publication/legal-limits-single-use-plastics-and-microplastics-global-review-national. Zugriff: 17.02.2022.

[26] ESRI. World Base Maps, 2020.

[27] NABU. *Zu Kleine Schritte Auf Dem Weg Zur Kreislaufwirtschaft*; NABU Info; Neuling, 2019. https://www.nabu.de/imperia/md/content/nabude/abfallpolitik/190906_nabu_krwg_stellungnahme_kurz.pdf. **Zugriff: 22.02.2022.**

[28] Serra-Gonçalves, C.; Lavers, J. L.; Bond, A. L. Global Review of Beach Debris Monitoring and Future Recommendations. *Environ. Sci. Technol.* 2019, *53* (21), 12158–12167. https://doi.org/10.1021/acs.est.9b01424.

[29] Bellou, N.; Gambardella, C.; Karantzalos, K.; Monteiro, J. G.; Canning-Clode, J.; Kemna, S.; Arrieta-Giron, C. A.; Lemmen, C. Global Assessment of Innovative Solutions to Tackle Marine Litter. *Nat. Sustain.* 2021, *4* (6), 516–524. https://doi.org/10.1038/s41893-021-00726-2.

[30] LUNG, L. für U., Naturschutz und Geologie). *Strandmüll-Spülsaummonitoring M-V*; 2022. https://www.lung.mv-regierung.de/insite/cms/umwelt/wasser/meeresstrategie_rahmenrichtlinie/meeresstrategie_abfaelle/meeresstrategie_spuelsaummonitoring.htm. **Zugriff: 06.04.2022.**

[31] Dijkstra, H.; van Beukering, P.; Brouwer, R. In the Business of Dirty Oceans: Overview of Startups and Entrepreneurs Managing Marine Plastic. *Mar. Pollut. Bull.* 2021, *162*, 111880. https://doi.org/10.1016/j.marpolbul.2020.111880.

[32] Schmaltz, E.; Melvin, E. C.; Diana, Z.; Gunady, E. F.; Rittschof, D.; Somarelli, J. A.; Virdin, J.; Dunphy-Daly, M. M. Plastic Pollution Solutions: Emerging Technologies to Prevent and Collect Marine Plastic Pollution. *Environ. Int.* 2020, *144*, 106067. https://doi.org/10.1016/j.envint.2020.106067.

[33] Hohn, S.; Acevedo-Trejos, E.; Abrams, J. F.; Fulgencio de Moura, J.; Spranz, R.; Merico, A. The Long-Term Legacy of Plastic Mass Production. *Sci. Total Environ.* 2020, *746*, 141115. https://doi.org/10.1016/j.scitotenv.2020.141115.

[34] Burt, A. J.; Raguain, J.; Sanchez, C.; Brice, J.; Fleischer-Dogley, F.; Goldberg, R.; Talma, S.; Syposz, M.; Mahony, J.; Letori, J.; Quanz, C.; Ramkalawan, S.; Francourt, C.; Capricieuse, I.; Antao, A.; Belle, K.; Zillhardt, T.; Moumou, J.; Roseline, M.; Bonne, J.; Marie, R.; Constance, E.; Suleman, J.; Turnbull, L. A. The Costs of Removing the Unsanctioned Import of Marine Plastic Litter to Small Island States. *Sci. Rep.* 2020, *10* (1), 14458. https://doi.org/10.1038/s41598-020-71444-6.

Wie kann Plastik in der Umwelt untersucht werden?

Forschung zum Thema Plastikverschmutzung in der Umwelt ist wichtig, um Probleme und Risiken rechtzeitig zu erkennen. Dafür wird anhand von Umwelt- oder Laborproben untersucht, wie viel Plastik an welchem Ort vorkommt und wie Lebewesen darauf reagieren. Wie die Proben in der Umwelt genommen und anschließend im Labor untersucht werden, hängt von dem untersuchten Material, zum Beispiel Wasser oder *Sediment*, ab. Sowohl bei der Probenahme als auch bei der Laboruntersuchung gibt es eine Vielzahl von unterschiedlichen Methoden, die ihre Vor- und Nachteile haben und von denen die geläufigsten in diesem Kapitel zusammengefasst werden.

6.1 Warum muss Plastik in der Umwelt untersucht werden?

Die weltweite Plastikverschmutzung bekommt inzwischen viel Aufmerksamkeit in der Wissenschaft und Öffentlichkeit. Vereinzelt wird aber hinterfragt, ob Plastikverschmutzung so viel Aufmerksamkeit und Forschungszeit verdient, ob also Plastik in der Umwelt wirklich so genau untersucht werden muss. Jeder Forschungsbereich, der sich mit Umweltverschmutzung befasst, muss die Frage klären, ob von dem untersuchten Stoff ein Risiko ausgeht. Für Plastik ist das zu großen Teilen noch nicht endgültig klar. Um die große Frage nach dem Risiko zu beantworten, sind zwei untergeordnete Fragen von zentraler Bedeutung[1,2]: Erstens, ist der Stoff giftig? Und zweitens, wie häufig kommt der Stoff wo in der Umwelt vor? (Abb. 6.1)

In Bezug auf die erste Frage haben verschiedene Untersuchungen belegt, dass Plastik unter bestimmten Umständen schädliche Auswirkungen auf Pflanzen und Tiere und damit die Umwelt haben kann (s. Kapitel 4). Diese Untersuchungen können entweder direkt in der Umwelt oder aber im Labor, durch Nachbilden der Umweltbedingungen, durchgeführt werden (Abb. 6.2). Die Umstände in Laboruntersuchungen entsprechen dabei häufig nicht genau den Bedingungen in der Umwelt. Stattdessen setzen Laboruntersuchungen Tiere gezielt sehr viel mehr Plastik aus, als das in der Umwelt der Fall wäre. Da von der Menge des Plastiks aber auch abhängt, ob es Lebewesen schadet oder nicht, kann man Ergebnisse aus dem Labor nicht immer auf die Umwelt übertragen[3]. Deshalb ist mehr Forschung nötig, um zu verstehen, wann Plastik unter Umweltbedingungen schädlich sein kann.

© Der/die Autor(en), exklusiv lizenziert an
Springer-Verlag GmbH, DE, ein Teil von Springer Nature 2022
E. Hengstmann und M. Tamminga, *Plastik in der Umwelt*,
https://doi.org/10.1007/978-3-662-65864-2_6

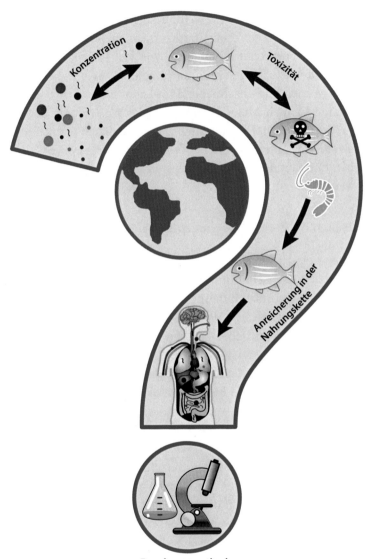

Forschungsmethoden

Abbildung 6.1: Im Zusammenhang mit Plastik in der Umwelt gibt es noch viele ungeklärte Fragen, die erforscht werden müssen. Besonders unklar ist, wie viel Plastik sich in einem bestimmten Gebiet befindet *(Konzentration)*, ob das Plastik giftig ist *(Toxizität)* und ob es sich in der *Nahrungskette* anreichert, weil Raubtiere Beutetiere fressen, die Plastik aufgenommen haben. Auch viele Forschungsmethoden müssen noch weiterentwickelt werden.

Die zweite Frage nach der Häufigkeit von Plastik in der Umwelt ist direkt mit der ersten Frage verbunden. Tiere wie zum Beispiel Fische, die häufig auf Plastik treffen, werden wahrscheinlich häufiger durch Plastik geschädigt als solche, die auf weniger Plastik treffen. Es muss also sehr genau bekannt sein, wie viel Plastik in der Umwelt zu finden ist, um Risiken richtig einschätzen zu können. Ob an einem Ort viel oder wenig Plastik gefunden wird, hängt bisher auch stark von der Methode ab, die zur Bestimmung der Plastikmenge eingesetzt wurde[4]. Es gibt viele unterschiedliche Vorgehensweisen, um Plastik in der Umwelt zu untersuchen, die verschiedene Vor- und Nachteile haben (s. Kapitel 6.2 und 6.3). Hier ist ebenfalls mehr Forschung nötig, um die Methoden zu vereinheitlichen und so Ergebnisse von unterschiedlichen Orten vergleichbar zu machen (Abb. 6.1).

Sicher ist, dass Plastik und insbesondere *Mikroplastik* überall auf der Welt zu finden ist, von den höchsten Gletschern des Himalayas[9] bis hin zu den Tiefseegräben der Ozeane[10]. Wenn ein Risiko von Plastik ausgeht, kann also die ganze Welt davon betroffen sein. Außerdem sollten wir als Menschen bedenken, dass Plastik ohne uns nicht in der Umwelt zu finden wäre und wir also für dessen Auswirkungen verantwortlich sind. Daher wäre es

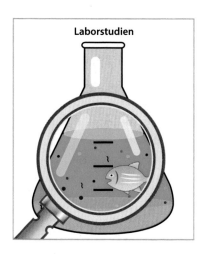

Abbildung 6.2: In der Wissenschaft wird häufig zwischen Labor- und Umweltstudien unterschieden. Während in Laborstudien kontrollierte Bedingungen herrschen, zum Beispiel Fischen eine festgelegte Menge Plastik zu fressen gegeben wird, werden in Umweltstudien Proben genommen, die die Bedingungen in der Umwelt widerspiegeln. Ein *Laborexperiment* lässt sich also besser beeinflussen, aber dessen Ergebnisse gleichen häufig nicht der realen Situation in der Umwelt.

besser vorzusorgen, als im Nachhinein Schäden festzustellen[11]. Forschung ist dabei der beste Weg, mögliche Risiken, die von Plastik in der Umwelt ausgehen, frühzeitig zu erkennen, um ihnen entgegenwirken zu können.

Letztendlich sind es also die Wissenslücken, die mehr Forschung im Bereich der Plastikverschmutzung unserer Umwelt notwendig machen. Probleme und Risiken rechtzeitig zu erkennen ist wichtig, damit nicht erst dann gehandelt wird, wenn Schäden nicht mehr zu reparieren sind.

Exkurs: Was sind flüssige Polymere und wie werden sie untersucht?

Wenn aktuell von Plastik in der Umwelt gesprochen wird, sind damit meist feste *Plastikpartikel* einer bestimmten Größe gemeint[5]. Weniger bekannt sind Kunststoffe oder genauer gesagt *Polymere*, die nicht in fester, sondern in gelartiger oder flüssiger Form eingesetzt werden und dadurch nicht nach ihrer Größe in *Mikro-* oder *Nanoplastik* eingeteilt werden können. Solche *flüssigen Polymere* werden beispielsweise in Kosmetik oder in der Pharmazie, also in Medikamenten, verwendet[6]. Bei vielen dieser Anwendungen gelangen *flüssige Polymere* nach ihrer Nutzung in das Abwassersystem[7]. Auch wenn moderne Kläranlagen einen Teil der *flüssigen Polymere* auffangen können, gelangen wahrscheinlich dennoch große Menge in die Umwelt. Entweder, weil sie in der Kläranlage nicht aus dem Wasser entfernt werden konnten, oder, weil sie als Teil des *Klärschlamms* in der Landwirtschaft als Dünger eingesetzt werden[6].

Bislang ist unklar, inwieweit *flüssige Polymere* ein Risiko für die Umwelt darstellen. Das liegt zum einen daran, dass *flüssige Polymere* bislang nicht die gleiche Aufmerksamkeit erhalten haben wie herkömmliche feste Kunststoffe, und zum anderen daran, dass die wissenschaftliche Untersuchung der *flüssigen Polymere* sehr schwierig ist[8].

6.2 Wie werden in der Umwelt Proben genommen?

Um mehr über Plastik in der Umwelt herauszufinden, können Proben genommen und untersucht werden. Proben zu nehmen bedeutet, dass zum Beispiel eine bestimmte Menge an Wasser oder Sand auf eine festgelegte Art in der Natur eingesammelt und in Gefäßen verpackt wird, um in diesem Material anschließend in Laboren nach Plastik zu suchen. Dadurch soll festgestellt werden, wie viel Plastik wo vorkommt, woher es kommt, wie es transportiert wird und welche Lebewesen *Mikroplastik* aufnehmen. Aus unterschiedlichen Bereichen der Umwelt können Proben genommen werden, darunter Wasser (in Ozeanen, Flüssen und Seen), Bodenmaterial, *Sedimente* (an Stränden, in Gewässern oder auf Feldern), verschiedene Lebewesen oder Luft.

Größere Plastikobjekte können sowohl an Land als auch im Wasser relativ leicht bestimmt werden. An Stränden kann Plastik zum Beispiel meist

Exkurs: Wie kann Makroplastik aus der Ferne bestimmt werden?

Die Untersuchung von größeren Plastikobjekten, wie *Makroplastik*, in der Umwelt wird meist am Untersuchungsort selbst durchgeführt. Die Land- oder Wasseroberfläche wird dabei häufig mit dem bloßen Auge nach Plastik abgesucht. Dieses Vorgehen erfordert einen relativ hohen Arbeitsaufwand, benötigt viel Zeit und kann nur kleine Untersuchungsgebiete abdecken[14]. Es gibt jedoch auch Techniken, die es möglich machen, die Untersuchung nicht vor Ort und mit mehreren Personen durchführen zu müssen. Solche Techniken werden unter dem Begriff *Fernerkundung* zusammengefasst, da ein Ort aus der Ferne erkundet bzw. untersucht wird. In der *Fernerkundung* werden Bilder aufgenommen und anschließend ausgewertet.

Die Bilder können dabei zum Beispiel aus Flugzeugen, mithilfe von Satelliten oder seit einigen Jahren auch mit Drohnen aufgenommen werden[15]. Auch für die Untersuchung von *Makroplastik* an der Oberfläche der Meere oder an Stränden können solche Bild-

daten genutzt werden. Dadurch kann *Makroplastik* über längere Zeiträume einheitlich und weltweit, also auch in unzugänglichen Gebieten, beobachtet werden[16]. Verschiedene Messsysteme können Bilder von der Erdoberfläche aufnehmen, indem sie Licht-, Wärme- oder Mikrowellenstrahlung nutzen[17].

Manche dieser Messsysteme arbeiten „aktiv", das bedeutet, dass sie die Strahlung selbst aussenden, wie zum Beispiel bei Radarsystemen, die Mikrowellenstrahlung nutzen. Andere fangen die von der Erdoberfläche zurückgeworfene Sonnenstrahlung ein und werden deswegen als passive Systeme bezeichnet[15]. Makroplastikobjekte, die sich auf der Erd- oder Wasseroberfläche befinden, beeinflussen die gemessene Strahlung und verändern diese damit gegenüber der von Wasser oder vom Boden zurückgeworfenen Strahlung. Dadurch können Plastikobjekte vom Hintergrund unterschieden werden. Die aufgenommenen Bilder werden anschließend am Computer ausgewertet.

per Hand aufgesammelt werden, um anschließend zu bestimmen, um welche Plastikobjekte es sich handelt[12]. Im Wasser können größere Plastikobjekte von Booten aus beobachtet und bestimmt werden[13].

Bei sehr kleinen und winzigen *Plastikpartikeln*, wie *Mikro-* und *Nanoplastik*, lässt sich die Menge in der Umwelt nicht direkt vor Ort bestimmen. Deswegen werden Proben genommen und anschließend in Laboren untersucht (s. Kapitel 6.3). Für die unterschiedlichen Bereiche der Umwelt gibt es verschiedene Methoden zur Probenahme. In Gewässern werden Proben unter anderem mithilfe eines *Manta-Trawls* oder Netzen, einer Pumpe oder als sogenannte *Sammelprobe* genommen (Abb. 6.3)[18]. Der *Manta-Trawl* trägt diesen Namen, weil er einem Mantarochen ähnelt. Sein „Körper" ist meist aus Metall und hat eine große Öffnung, an der ein Netz mit sehr kleinen Löchern befestigt ist[19]. Durch die kleinen Löcher kann Wasser hindurchfließen, während feste Bestandteile wie zum Beispiel *Plastikpartikel* festgehalten werden. Der *Manta-Trawl* kann mithilfe von Booten gezogen werden, um Material von der Wasseroberfläche zu sammeln[18]. Pumpen dagegen können auch Proben aus tieferen Wasserschichten nehmen. Bei dieser Art der Probenahme wird das Wasser meist über Siebe gegeben und die festen Partikel somit aus dem Wasser gesammelt[13]. Im Gegensatz dazu wird bei *Sammelproben* eine bestimmte Wassermenge beispielsweise mithilfe eines Eimers oder einer Flasche entnommen und komplett untersucht[20]. Da hier das komplette Wasser mitgenommen und untersucht wird, können dadurch nur kleine Wassermengen beprobt werden. Im Gegensatz dazu können der *Manta-Trawl* und Pumpen deutlich größere Wassermengen filtrieren und nur die darin schwimmenden festen Bestandteile werden mitgenom-

Wasser

Abbildung 6.3: Um in Gewässern nach Plastik zu suchen, können Wasserproben mithilfe des sogenannten *Manta-Trawls* (links), mit Pumpen (Mitte) oder als *Sammelprobe* (rechts), zum Beispiel in einer Glasflasche, genommen werden.

men und untersucht[20]. Dafür hat der *Manta-Trawl* den Nachteil, dass die kleinsten *Mikroplastikpartikel* nicht untersucht werden können, weil das Netz für diese zu grob ist. Wäre das Netz feiner, würde es im wahrsten Sinne des Wortes schnell „verstopfen". Neben Plastik sammelt der Manta-Trawl nämlich auch Algen oder kleine Tiere ein, also alles, was im Wasser schwimmt. Dadurch kommt schnell viel Material zusammen und das Wasser kann nicht mehr ungehindert durch das Netz hindurchfließen[21,22].

Sedimentproben können sowohl aus Böden, an Stränden als auch vom Grund von Meeren, Flüssen oder Seen genommen werden. Bei Böden und am Strand wird häufig das Material von der Oberfläche einer festgelegten Fläche genommen und untersucht oder mithilfe von Bohrern tieferliegendes *Sediment* beprobt (Abb. 6.4)[23]. Die Bohrer können unterschiedliche Längen und Durchmesser haben und entnehmen einen sogenannten Bohrkern (s. Exkurs: *Sedimentbohrkerne*). Auch am Gewässergrund können Proben mit Bohrern oder mithilfe von sogenannten Greifern genommen werden (Abb. 6.4). Diese Geräte werden meist von einem Boot aus an langen Stahlseilen zum Gewässergrund hinuntergelassen[18]. In Bohrkernen kann das Vorkommen von *Mikroplastik* in unterschiedlichen Tiefen untersucht werden, während Greifer häufig nur eine Probe aus der obersten Schicht des *Sediments* entnehmen und das *Sediment* dabei außerdem vermischt wird. Man spricht deswegen von einer gestörten *Sedimentprobe* im Gegensatz zu den ungestörten Proben aus einem Bohrkern, wo das *Sediment* noch in der gleichen „Reihenfolge" liegt wie am Gewässergrund[22].

Um zu untersuchen, ob und wie viel *Mikroplastik* Lebewesen aus der Umwelt aufnehmen, können letztendlich alle Arten beprobt werden, die in

Sediment

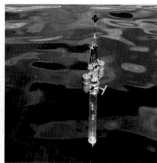

Abbildung 6.4: Am Strand können *Sedimente*, also am Boden abgelagertes Material, von der Oberfläche (links) oder mit Bohrern auch in der Tiefe beprobt werden. Am Gewässergrund helfen Greifer (Mitte) und ebenfalls Bohrer (rechts), um die Proben zu nehmen.

der Natur vorkommen (Abb. 6.5). Bisher gibt es vor allem Untersuchungen zu *Mikroplastik* in wirbellosen Tieren, wie zum Beispiel Würmern und Krebsen, oder zu Fischen und Vögeln. Die einzelnen Lebewesen werden in ihrem Lebensraum mithilfe von Fallen, Netzen oder per Hand eingesammelt und anschließend im Labor untersucht[24]. Zum Teil werden nur bestimmte Teile, wie der Magen und/oder Darm, der Tiere untersucht, um die *Mikroplastikbelastung* im Verdauungstrakt zu analysieren. Bei manchen Lebewesen wird aber auch der ganze Körper untersucht, da sie zu klein sind, um ihnen bestimmte Organe zu entnehmen[22].

Lebewesen

Abbildung 6.5: Unterschiedlichste Lebewesen können auf Mikroplastik hin untersucht werden. Häufig untersucht werden neben Vögeln auch Fische (Mitte) und wirbellose Tiere wie Muscheln (links) oder Krebse (rechts).

In welchen Bereichen der Umwelt Proben genommen und welche Methoden dabei verwendet werden, hängt davon ab, was herausgefunden werden soll. Bevor Proben in der Umwelt genommen werden, sollte also immer ein Ziel feststehen. Alle hier vorgestellten Methoden sowie auch weitere, nicht erwähnte Methoden kommen zurzeit in der Plastikforschung zum Einsatz, weil es bisher keine Einigung auf eine einheitliche Methode gibt. Die große Anzahl an verschiedenen Probenahmearten macht es schwierig, Untersuchungen untereinander zu vergleichen, weshalb die Methoden unbedingt vereinheitlicht werden sollten[13,18].

6.3   Was passiert mit den Proben im Labor?

Proben aus der Umwelt werden meist in Gefäßen in Labore transportiert, um sie dort auf Plastik zu untersuchen. Die Proben, ob aus dem Wasser, *Sediment*, der Luft oder von Lebewesen, enthalten allerdings nicht nur Plastik. Wasserproben bestehen, neben *Plastikpartikeln*, vor allem auch aus Wasser und enthalten außerdem häufig Algen und anderes biologisches Material (hier = Reste von Pflanzen und Tieren). Auch in *Sedimentproben* kann biologisches Material vorkommen. In diesen Proben bilden außerdem die einzelnen, unterschiedlich großen Sedimentkörner den Hauptteil der Probe. *Sedimentpartikel* sind kleine Teile von Gesteinen, die abgelöst und dann durch die Umwelt transportiert wurden, bevor sie an einem anderen Ort liegen geblieben sind. Bei Lebewesen besteht die Probe zum Teil auch aus deren Skelett und Gewebe, also dem zusammenhängenden Zellmaterial. Wenn der Magen oder Darm untersucht wird, kann die Probe neben dem tierischen Gewebe Reste von Nahrung enthalten. Diese verschiedenen Materialien in den Proben stören bei der Suche nach Plastik, da sie *Plastikpartikel* überlagern und mit diesen verwechselt werden können[18]. Bevor Plastik in Proben aus der Umwelt also bestimmt werden kann, müssen sie im Labor zunächst vorbereitet werden, um *Plastikpartikel* von den anderen Materialien zu trennen (Abb. 6.6).

Das biologische Material und tierische Gewebe in den Proben können auf unterschiedliche Weisen beseitigt werden. Eine Möglichkeit ist es, natürlich vorkommende *Enzyme* zu der Probe hinzuzugeben, die den Abbau beschleunigen und die Menge des biologischen, tierischen Materials verringern[23]. *Enzyme* können bestimmte Stoffe abbauen, indem sie diese in neue Stoffe umwandeln. Sie kommen im Körper vor allem bei der Verdauung zum Einsatz. Das *Enzym* Laktase beispielsweise sorgt im menschlichen Darm dafür, dass Milchzucker (Laktose) verdaut werden kann. Für unterschiedliche Stoffe gibt es jeweils spezielle *Enzyme*. Pflanzenreste, die zu großen Teilen aus *Zellulose* bestehen, können mithilfe des *Enzyms* Zellulase zerstört werden[25]. Neben den *Enzymen* können auch verschiedene Chemikalien eingesetzt werden, um biologisches Material, aber auch tierisches Gewebe in Proben zu entfernen[22]. Wichtig ist, dass die Chemikalien auf der einen Seite das pflanzliche oder tierische Material zerstören, auf der anderen Seite aber *Plastikpartikel* nicht angreifen oder auflösen, da diese sonst nicht mehr korrekt erkannt werden können[26].

Um Plastik vom *Sediment* zu trennen, kann die höhere *Dichte* der *Sedimentpartikel* im Gegensatz zu *Plastikpartikeln* genutzt werden[18]. Die *Dichte* beschreibt die Masse (Gewicht) eines Stoffes pro Volumen, also wie schwer ein bestimmtes Volumen dieses Stoffes ist. Eine Tasse Sand wiegt mehr als eine Tasse mit *Plastikpartikeln*. Demnach hat Sand, der auch zum *Sediment* zählt, eine höhere *Dichte* als Plastik. Schon in Wasser sinken *Sedimentpartikel* zum Boden, während manche *Plastikpartikel* an der Oberfläche schwimmen und somit vom *Sediment* getrennt werden können. Eine Trennung mit Wasser reicht allerdings nicht aus, da dessen *Dichte* wiederum zu niedrig ist, um alle *Polymere* zum Schwimmen zu bringen. Daher kommen Salzlösungen zum Einsatz, bei denen verschiedene Salze in Wasser aufge-

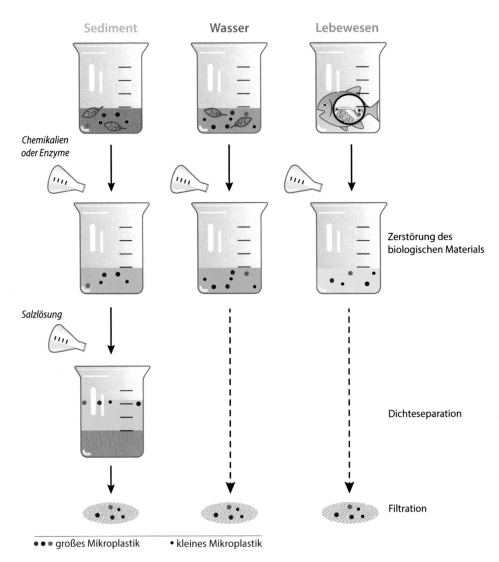

●●● großes Mikroplastik   ● kleines Mikroplastik

Abbildung 6.6: Proben aus der Umwelt enthalten neben Plastik auch biologisches Material, zum Beispiel Reste von Pflanzen oder tierisches Gewebe, Wasser oder *Sedimentpartikel*. Um dieses störende Material zu entfernen, können Proben mit *Enzymen* oder Chemikalien sowie mit Salzlösungen behandelt werden, sodass die *Plastikpartikel* am Ende getrennt davon auf Filtern liegen.

löst werden. Eine einfache und nicht giftige Salzlösung, die jede*r auch zu Hause herstellen kann, ist die sogenannte Kochsalzlösung. Bei dieser Lösung wird eine bestimmte Menge des Salzes, das auch zum Kochen verwendet wird, in Wasser gelöst. In der Kochsalzlösung treiben die *Polymere PE*, *PP* oder auch Styroporpartikel an der Oberfläche[20]. Um noch mehr *Polymere*, zum Beispiel auch *PET*-Partikel, vom *Sediment* zu trennen, sind Salzlösungen mit noch höheren *Dichten* nötig[27].

Nachdem *Plastikpartikel* vom biologischen oder tierischen Material und/oder *Sedimentpartikeln* getrennt wurden, müssen noch das Wasser oder die eingesetzten Chemikalien und Salzlösungen wieder aus der Probe entfernt werden. Hierfür werden die Proben filtriert. Das bedeutet, dass die Partikel mithilfe eines Filters von der Flüssigkeit getrennt werden[20]. Wie bei einem Kaffee- oder Teefilter bleiben die *Plastikpartikel* dadurch auf dem Filter hängen, während die Flüssigkeit hindurchgeht. Dieser Schritt hilft nicht nur bei der Trennung der *Plastikpartikel*, sondern erleichtert auch deren anschließende Erkennung (s. Kap. 6.4).

6.4 Wie wird Plastik bestimmt und die Menge ermittelt?

Wenn eine Probe aus der Umwelt im Labor so weit vorbereitet wurde, dass sie fast nur noch Plastik enthält, ist sie bereit für den letzten Arbeitsschritt. In diesem letzten Schritt geht es darum zu bestimmen, welche *Polymere* sich in einer Probe befinden und wie viel Plastik die Probe enthält. Ähnlich wie bei der Probenahme und Probenvorbereitung gibt es eine Vielzahl unterschiedlicher Methoden, um die Art des Plastiks in einer Probe zu bestimmen und seine Menge (Anzahl und Gewicht) zu messen (Abb. 6.7)[28]. Die bisher genutzten Methoden können entweder die Anzahl oder das Gewicht von Plastik bestimmen, aber nicht beides gleichzeitig. Deswegen liefern sie nie alle benötigten Informationen, um das Vorkommen und die Auswirkungen von Plastik in der Umwelt vollständig zu verstehen. Die Anzahl von *Plastikpartikeln* in der Umwelt zu kennen, ist wichtig, um zum Beispiel die Auswirkungen von Plastik auf Tiere verstehen zu können (siehe Kapitel 4.1). Das Gewicht des Plastiks in der Umwelt hilft zu verstehen, wie viel Plastik auf dem Weg von der Herstellung zur Entsorgung verloren geht.

Sogenannte *spektroskopische* Techniken (abgeleitet vom lateinischen Wort specere = sehen) nutzen häufig Laser, das sind stark gebündelte Lichtstrahlen, um herauszufinden, aus welchen Bestandteilen ein Partikel besteht[29]. *Spektroskopische* Methoden können Plastik von anderen Materia-

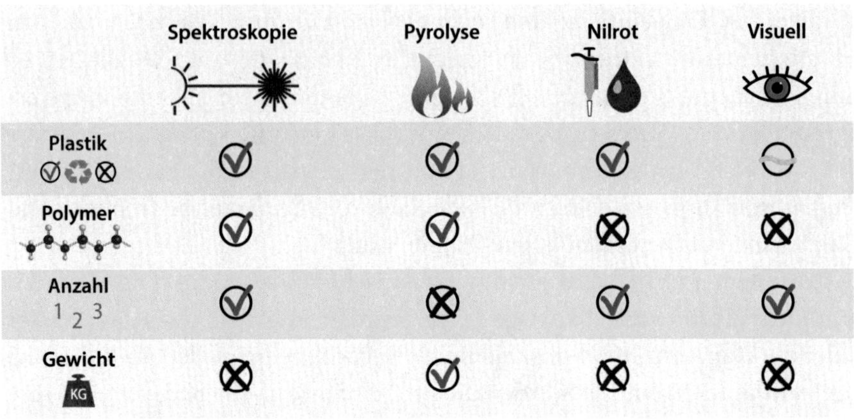

	Spektroskopie	Pyrolyse	Nilrot	Visuell
Plastik	✓	✓	✓	◒
Polymer	✓	✓	✗	✗
Anzahl	✓	✗	✓	✓
Gewicht	✗	✓	✗	✗

Abbildung 6.7: Die Techniken zur Identifikation und Mengenbestimmung von Plastik in Proben aus der Umwelt sind vielfältig. Bislang ist keine der eingesetzten Techniken in der Lage, ein Partikel gleichzeitig als Plastik zu identifizieren, das *Polymer* festzustellen, die Anzahl der Partikel in einer Probe zu bestimmen und deren Gewicht zu messen. Je nach wissenschaftlicher Fragestellung werden deshalb auch verschiedene Methoden kombiniert.

lien unterscheiden, verschiedene Plastiksorten erkennen und die Anzahl der *Plastikpartikel* in einer Probe bestimmen. Sie liefern aber keine Informationen über das Gewicht des Plastiks[28]. Bei der *spektroskopischen* Untersuchung werden alle Partikel in einer Probe einzeln untersucht und ihre Zusammensetzung festgestellt. Weil Proben aus der Umwelt sehr viele Partikel enthalten können, ist die Methode sehr zeitaufwendig.

Soll das Gewicht des Plastiks in einer Probe bestimmt werden, nutzen Wissenschaftler*innen zum Beispiel Verfahren, die auf *Pyrolyse* (abgeleitet von den altgriechischen Wörtern Pyr = Feuer und Lysis = Lösung beruhen. Bei Pyrolyseverfahren wird eine Probe sehr schnell und sehr heiß verbrannt. Bei der Verbrennung entstehen Stoffe, die Auskunft darüber geben können, welches Material verbrannt wurde. Misst man die Menge dieser Stoffe, kann man das Gewicht der Ausgangsstoffe berechnen[30]. Verfahren, die mithilfe von *Pyrolyse* arbeiten, können Plastik von anderen Materialien und verschiedene Plastiksorten unterscheiden sowie das Gewicht des Plastiks in einer Probe bestimmen. Der Nachteil von *Pyrolyse* ist, dass keine Information über die Anzahl und Größe der Partikel erfasst werden kann, weil diese verbrannt werden. Das Verbrennen führt auch dazu, dass eine Messung nicht wiederholt werden kann, wenn dabei ein Fehler aufgetreten ist[28].

Sowohl *spektroskopische* als auch *Pyrolyseverfahren* haben den Nachteil, dass sie viel Zeit in Anspruch nehmen, teuer sind und sehr gut ausgebildetes Personal benötigen[31]. Soll Plastik aber in sehr vielen Proben bestimmt werden oder in Laboren, in denen die benötigten, teuren Geräte nicht vorhanden sind, stoßen beide Methoden an ihre Grenzen. Für diese Fälle wurde eine Art Plastik-Schnelltest entwickelt. Dieser Schnelltest nutzt den Farbstoff „*Nilrot*", der Plastik einfärbt[32]. Betrachtet man die gefärbten Partikel unter einem Mikroskop und beleuchtet sie mit Licht einer ganz bestimmten Wellenlänge (hier = Farbe), leuchten die *Plastikpartikel* und sind damit von anderen Materialien unterscheidbar. Die *Nilrot*-Färbemethode ist nicht so genau wie die oben beschriebenen Verfahren, kann aber Plastik von anderen Materialien unterscheiden und die Anzahl der *Plastikpartikel* bestimmen. Eine Unterscheidung der unterschiedlichen Plastiksorten oder die Bestimmungen des Gewichts ist jedoch nicht möglich[33].

Wenn kaum oder gar keine Hilfsmittel verfügbar oder *Plastikpartikel* groß genug sind, hilft mitunter das bloße Auge, also eine visuelle Untersuchung, beim Erkennen und Zählen von Plastik[20]. In der Forschung wird diese Methode aber immer seltener durchgeführt, weil sie ungenau ist und sich viele Fragestellungen mit *Mikro-* oder *Nanoplastik*, also sehr kleinen Partikeln, beschäftigen, die nicht mit bloßem Auge sichtbar sind.

Literatur

[1] de Ruijter, V. N.; Redondo-Hasselerharm, P. E.; Gouin, T.; Koelmans, A. A. Quality Criteria for Microplastic Effect Studies in the Context of Risk Assessment: A Critical Review. *Environ. Sci. Technol.* 2020, *54* (19), 11692–11705. https://doi.org/10.1021/acs.est.0c03057.

[2] O'Connor, J. D.; Mahon, A. M.; Ramsperger, A. F. R. M.; Trotter, B.; Redondo-Hasselerharm, P. E.; Koelmans, A. A.; Lally, H. T.; Murphy, S. Microplastics in Freshwater Biota: A Critical Review of Isolation, Characterization, and Assessment Methods. *Glob. Chall.* 2020, *4* (6), 1800118. https://doi.org/10.1002/gch2.201800118.

[3] Koelmans, A. A.; Redondo-Hasselerharm, P. E.; Mohamed Nor, N. H.; Kooi, M. Solving the Nonalignment of Methods and Approaches Used in Microplastic Research to Consistently Characterize Risk. *Environ. Sci. Technol.* 2020, *54* (19), 12307–12315. https://doi.org/10.1021/acs.est.0c02982.

[4] Hildebrandt, L.; Zimmermann, T.; Primpke, S.; Fischer, D.; Gerdts, G.; Pröfrock, D. Comparison and Uncertainty Evaluation of Two Centrifugal Separators for Microplastic Sampling. *J. Hazard. Mater.* 2021, *414*, 125482. https://doi.org/10.1016/j.jhazmat.2021.125482.

[5] Hartmann, N. B.; Hüffer, T.; Thompson, R. C.; Hassellöv, M.; Verschoor, A.; Daugaard, A. E.; Rist, S.; Karlsson, T.; Brennholt, N.; Cole, M.; Herrling, M. P.; Hess, M. C.; Ivleva, N. P.; Lusher, A. L.; Wagner, M. Are We Speaking the Same Language? Recommendations for a Definition and Categorization Framework for Plastic Debris. *Environ. Sci. Technol.* 2019, *53* (3), 1039–1047. https://doi.org/10.1021/acs.est.8b05297.

[6] Huppertsberg, S.; Zahn, D.; Pauelsen, F.; Reemtsma, T.; Knepper, T. P. Making Waves: Water-Soluble Polymers in the Aquatic Environment: An Overlooked Class of Synthetic Polymers? *Water Res.* 2020, *181*, 115931. https://doi.org/10.1016/j.watres.2020.115931.

[7] Bertling, J.; Hamann, L.; Hiebel, M. Mikroplastik Und Synthetische Polymere in Kosmetikprodukten Sowie Wasch-, Putz- Und Reinigungsmitteln. 2018. https://doi.org/10.24406/UMSICHT-N-490773.

[8] Suzuki, S.; Sawada, T.; Serizawa, T. Identification of Water-Soluble Polymers through Discrimination of Multiple Optical Signals from a Single Peptide Sensor. *ACS Appl. Mater. Interfaces* 2021, *13* (47), 55978–55987. https://doi.org/10.1021/acsami.1c11794.

[9] Zhang, Y.; Gao, T.; Kang, S.; Allen, S.; Luo, X.; Allen, D. Microplastics in Glaciers of the Tibetan Plateau: Evidence for the Long-Range Transport of Microplastics. *Sci. Total Environ.* 2021, *758*, 143634. https://doi.org/10.1016/j.scitotenv.2020.143634.

[10] Van Cauwenberghe, L.; Vanreusel, A.; Mees, J.; Janssen, C. R. Microplastic Pollution in Deep-Sea Sediments. *Environ. Pollut.* 2013, *182*, 495–499. https://doi.org/10.1016/j.envpol.2013.08.013.

[11] Lusher, A. L.; Hurley, R.; Arp, H. P. H.; Booth, A. M.; Bråte, I. L. N.; Gabrielsen, G. W.; Gomiero, A.; Gomes, T.; Grøsvik, B. E.; Green, N.; Haave, M.; Hallanger, I. G.; Halsband, C.; Herzke, D.; Joner, E. J.; Kögel, T.; Rakkestad, K.; Ranneklev, S. B.; Wagner, M.; Olsen, M. Moving Forward in Microplastic Research: A Norwegian Perspective. *Environ. Int.* 2021, *157*, 106794. https://doi.org/10.1016/j.envint.2021.106794.

[12] OSPAR. Guideline for Monitoring Marine Litter on the Beaches in the OSPAR Maritime Area. 1.0. Hrsg. OSPAR Commission, 2010, London 16 Pp. plus Appendices Forms and Photoguides., 2010.

[13] GESAMP. *Guidelines for the Monitoring and Assessment of Plastic Litter and Microplastics in the Ocean. Kershaw, P.J., Turra, A., Galganie, F. (Hrsg.). IMO/FAO/UNESCO-IOC/UNIDO/WMO/IAEA/UN/UNEP/UNDP/ISA Joint Group of Experts on the Scientific Aspects of Marine Environmental Protection.*; Rep. Stud. GESAMP; 99; 2019; p 130 pp.

[14] Salgado-Hernanz, P. M.; Bauzà, J.; Alomar, C.; Compa, M.; Romero, L.; Deudero, S. Assessment of Marine Litter through Remote Sensing: Recent Approaches and Future Goals. *Mar. Pollut. Bull.* 2021, *168*, 112347. https://doi.org/10.1016/j.marpolbul.2021.112347.

[15] Heipke, C. Photogrammetrie und Fernerkundung – eine Einführung. In *Photogrammetrie und Fernerkundung*; Heipke, C., Hrsg.; Springer Berlin Heidelberg: Berlin, Heidelberg, 2017; pp 1–27. https://doi.org/10.1007/978-3-662-47094-7_37.

[16] Maximenko, N.; Corradi, P.; Law, K. L.; Van Sebille, E.; Garaba, S. P.; Lampitt, R. S.; Galgani, F.; Martinez-Vicente, V.; Goddijn-Murphy, L.; Veiga, J. M.; Thompson, R. C.; Maes, C.; Moller, D.; Löscher, C. R.; Addamo, A. M.; Lamson, M. R.; Centurioni, L. R.;

Posth, N. R.; Lumpkin, R.; Vinci, M.; Martins, A. M.; Pieper, C. D.; Isobe, A.; Hanke, G.; Edwards, M.; Chubarenko, I. P.; Rodriguez, E.; Aliani, S.; Arias, M.; Asner, G. P.; Brosich, A.; Carlton, J. T.; Chao, Y.; Cook, A.-M.; Cundy, A. B.; Galloway, T. S.; Giorgetti, A.; Goni, G. J.; Guichoux, Y.; Haram, L. E.; Hardesty, B. D.; Holdsworth, N.; Lebreton, L.; Leslie, H. A.; Macadam-Somer, I.; Mace, T.; Manuel, M.; Marsh, R.; Martinez, E.; Mayor, D. J.; Le Moigne, M.; Molina Jack, M. E.; Mowlem, M. C.; Obbard, R. W.; Pabortsava, K.; Robberson, B.; Rotaru, A.-E.; Ruiz, G. M.; Spedicato, M. T.; Thiel, M.; Turra, A.; Wilcox, C. Toward the Integrated Marine Debris Observing System. *Front. Mar. Sci.* 2019, *6*, 447. https://doi.org/10.3389/fmars.2019.00447.

[17] Toth, C.; Jutzi, B. Plattformen und Sensoren für die Fernerkundung und deren Geopositionierung. In *Photogrammetrie und Fernerkundung*; Heipke, C., Hrsg.; Springer Berlin Heidelberg: Berlin, Heidelberg, 2017; pp 29–64. https://doi.org/10.1007/978-3-662-47094-7_38.

[18] Prata, J. C.; da Costa, J. P.; Duarte, A. C.; Rocha-Santos, T. Methods for Sampling and Detection of Microplastics in Water and Sediment: A Critical Review. *TrAC Trends Anal. Chem.* 2019, *110*, 150–159. https://doi.org/10.1016/j.trac.2018.10.029.

[19] Campanale, C.; Savino, I.; Pojar, I.; Massarelli, C.; Uricchio, V. F. A Practical Overview of Methodologies for Sampling and Analysis of Microplastics in Riverine Environments. *Sustainability* 2020, *12* (17), 6755. https://doi.org/10.3390/su12176755.

[20] Hidalgo-Ruz, V.; Gutow, L.; Thompson, R. C.; Thiel, M. Microplastics in the Marine Environment: A Review of the Methods Used for Identification and Quantification. *Environ. Sci. Technol.* 2012, *46* (6), 3060–3075. https://doi.org/10.1021/es2031505.

[21] Setälä, O.; Magnusson, K.; Lehtiniemi, M.; Norén, F. Distribution and Abundance of Surface Water Microlitter in the Baltic Sea: A Comparison of Two Sampling Methods. *Mar. Pollut. Bull.* 2016, *110* (1), 177–183. https://doi.org/10.1016/j.marpolbul.2016.06.065.

[22] Stock, F.; Kochleus, C.; Bänsch-Baltruschat, B.; Brennholt, N.; Reifferscheid, G. Sampling Techniques and Preparation Methods for Microplastic Analyses in the Aquatic Environment – A Review. *TrAC Trends Anal. Chem.* 2019, *113*, 84–92. https://doi.org/10.1016/j.trac.2019.01.014.

[23] Löder, M. G. J.; Gerdts, G. Methodology Used for the Detection and Identification of Microplastics—A Critical Appraisal. In *Marine Anthropogenic Litter*; Bergmann, M., Gutow, L., Klages, M., Hrsg.; Springer International Publishing: Cham, 2015; pp 201–227. https://doi.org/10.1007/978-3-319-16510-3_8.

[24] Lusher, A. L.; Welden, N. A.; Sobral, P.; Cole, M. Sampling, Isolating and Identifying Microplastics Ingested by Fish and Invertebrates. *Anal. Methods* 2017, *9* (9), 1346–1360. https://doi.org/10.1039/C6AY02415G.

[25] Löder, M. G. J.; Imhof, H. K.; Ladehoff, M.; Löschel, L. A.; Lorenz, C.; Mintenig, S.; Piehl, S.; Primpke, S.; Schrank, I.; Laforsch, C.; Gerdts, G. Enzymatic Purification of Microplastics in Environmental Samples. *Environ. Sci. Technol.* 2017, *51* (24), 14283–14292. https://doi.org/10.1021/acs.est.7b03055.

[26] Munno, K.; Helm, P. A.; Jackson, D. A.; Rochman, C.; Sims, A. Impacts of Temperature and Selected Chemical Digestion Methods on Microplastic Particles. *Environ. Toxicol. Chem.* 2018, *37* (1), 91–98. https://doi.org/10.1002/etc.3935.

[27] Quinn, B.; Murphy, F.; Ewins, C. Validation of Density Separation for the Rapid Recovery of Microplastics from Sediment. *Anal. Methods* 2017, *9* (9), 1491–1498. https://doi.org/10.1039/C6AY02542K.

[28] Hanvey, J. S.; Lewis, P. J.; Lavers, J. L.; Crosbie, N. D.; Pozo, K.; Clarke, B. O. A Review of Analytical Techniques for Quantifying Microplastics in Sediments. *Anal. Methods* 2017, *9* (9), 1369–1383. https://doi.org/10.1039/C6AY02707E.

[29] González-Pleiter, M.; Velázquez, D.; Edo, C.; Carretero, O.; Gago, J.; Barón-Sola, Á.; Hernández, L. E.; Yousef, I.; Quesada, A.; Leganés, F.; Rosal, R.; Fernández-Piñas, F. Fibers Spreading Worldwide: Microplastics and Other Anthropogenic Litter in an Arctic Freshwater Lake. *Sci. Total Environ.* 2020, *722*, 137904. https://doi.org/10.1016/j.scitotenv.2020.137904.

[30] Hendrickson, E.; Minor, E. C.; Schreiner, K. Microplastic Abundance and Composition in Western Lake Superior As Determined via Microscopy, Pyr-GC/MS, and FTIR. *Environ. Sci. Technol.* 2018, *52* (4), 1787–1796. https://doi.org/10.1021/acs.est.7b05829.

[31] Koelmans, A. A.; Mohamed Nor, N. H.; Hermsen, E.; Kooi, M.; Mintenig, S. M.; De France, J. Microplastics in Freshwaters and Drinking Water: Critical Review and Assessment of Data Quality. *Water Res.* 2019, *155*, 410–422. https://doi.org/10.1016/j.watres.2019.02.054.

[32] Shim, W. J.; Song, Y. K.; Hong, S. H.; Jang, M. Identification and Quantification of Microplastics Using Nile Red Staining. *Mar. Pollut. Bull.* 2016, *113* (1–2), 469–476. https://doi.org/10.1016/j.marpolbul.2016.10.049.

[33] Maes, T.; Jessop, R.; Wellner, N.; Haupt, K.; Mayes, A. G. A Rapid-Screening Approach to Detect and Quantify Microplastics Based on Fluorescent Tagging with Nile Red. *Sci. Rep.* 2017, *7* (1), 44501. https://doi.org/10.1038/srep44501.

Fazit

Plastik ist heutzutage nicht nur im menschlichen Leben, sondern auch in der Umwelt allgegenwärtig. Dabei ist es egal, ob es sich um große Plastikobjekte oder kleinste Plastikpartikel oder, ob es sich um Flaschen aus PET oder Fußbodenbelag aus PVC handelt. Untersuchungsergebnisse zeigen, dass alle Arten von Plastik weltweit in der Umwelt vorkommen. Zu den Eintragspfaden, sowohl an Land als auch auf den Meeren, ist bereits vieles bekannt und es wird deutlich, dass insbesondere der Eintrag von Plastik in die Umwelt reduziert werden muss, um einen Schritt Richtung der Lösung des Problems zu gehen. Es gibt Orte, an denen Plastik in größeren Mengen zu finden ist als an anderen. Dadurch sind auch Lebewesen unterschiedlich stark von der Plastikverschmutzung der Umwelt betroffen. Während manche Folgen von Plastik in der Umwelt schon bekannt sind und damit eindeutige Risiken wie körperliche Einschränkungen oder der Tod einhergehen, müssen die Risiken von Mikro- und Nanoplastik noch weiter erforscht werden. Neben der Erforschung der Auswirkungen von Plastik in der Umwelt ist es genauso wichtig Alternativprodukte, Wiederverwendungsmöglichkeiten oder sogar Kreislaufsysteme für das Material Plastik zu entwickeln, um mögliche Risiken in Zukunft vermeiden zu können.

Die sechs großen Kapitel dieses Buches haben unterschiedliche „Lebensphasen" von Plastik sowie die Untersuchung des Materials in der Umwelt aufgegriffen und versucht konkrete, abgegrenzte Fragen dazu zu beantworten. Die Vermittlung der in der Forschung gewonnenen Ergebnisse stand im Mittelpunkt dieses Buches und soll zu einer guten Informationsgrundlage für möglichst viele Leser*innen beitragen. Denn die globale Umweltverschmutzung durch Plastik ist ein gesamtgesellschaftliches Thema, bei dem alle Menschen die Möglichkeit haben sollten, sich mit dem Thema auseinanderzusetzen.

Wie in der Einleitung betont, wird in diesem Buch das Wissen zum aktuellen Zeitpunkt dargestellt. Dieses kann sich jederzeit und schnell verändern. Auch wenn einige Fakten noch länger ihre Gültigkeit behalten, so werden andere in einiger Zeit bereits durch neuere Forschung nicht mehr zutreffen. Bei einem noch recht jungen Thema wie der Plastikforschung muss immer mit einer Veränderung des Wissens gerechnet werden. Deswegen ist es wichtig, dass der hierbeschriebene Stand der Forschung in Zukunft immer wieder hinterfragt wird und aktuellere Untersuchungsergebnisse ergänzend betrachtet werden, um ein vollständiges Bild von Plastik in der Umwelt zu erhalten.

© Der/die Herausgeber bzw. der/die Autor(en), exklusiv lizenziert an
Springer-Verlag GmbH, DE, ein Teil von Springer Nature 2022
E. Hengstmann und M. Tamminga, *Plastik in der Umwelt*,
https://doi.org/10.1007/978-3-662-65864-2_7

Glossar

abiotisch
nicht von Lebewesen beeinflusst

Additive
Zusatzstoffe; Stoffe, die die Verarbeitung oder die Eigenschaft von Plastik verbessern

Akkumulation
(lat.) accumulare = anhäufen; Anreicherung, Anhäufung, Ansammlung

Bakelit
erster vollkommen künstlicher Plastikpolymer

Biofouling
(engl.); unerwünschter Bewuchs u. a. durch Mikroorganismen, Algen oder Pflanzen, hier: von Plastik

biologisch abbaubar
durch Mikroorganismen in seine Bestandteile (z. B. Wasser & Kohlendioxid) zersetzbar

Bio-Plastik
Sammelbegriff für Plastikalternativen, die aus nachwachsenden Rohstoffen hergestellt werden und/oder biologisch abbaubar sind

biotisch
von Lebewesen beeinflusst

Clean-Up
(engl.) Aufräumen, Reinigung; hier: Sammelbegriff für Projekte mit dem Ziel, Plastikmüll aus der Umwelt zu entfernen

Cracking
(engl.) spalten; Verfahren in der Erdölverarbeitung zur Umwandlung von langkettigen in kurzkettige Kohlenwasserstoffe

Degradation
Abbau oder Zersetzung von Material, hier: in der Regel von Plastik

degradieren
abgebaut oder zersetzt werden, auch altern, hier: in der Regel von Plastik

Deponie
Bauwerk/Fläche zur dauerhaften Einlagerung von Abfällen

deponieren
lagern, ablagern, hier: Abfälle dauerhaft lagern

Deponieverordnung
Regelungen zur Errichtung sowie dem Betrieb von Deponien; enthält auch Regelungen zu Voraussetzungen für die Einlagerung von Abfällen

Dichte
Verhältnis von Masse zu Volumen eines Objekts; häufig angegeben in g/cm³

Einweg-
siehe Einweg-Plastik

Einweg-Plastik
für den einmaligen Gebrauch vorgesehen Plastikprodukte

entanglement
(engl.) Verstrickung; hier: das Verfangen von Tieren in Plastikobjekten

Enzym
komplexes Molekül, das eine chemische Reaktion, hier: Stoffwechselprozesse, beschleunigen kann

Fernerkundung
Verfahren zur Informationsgewinnung, ohne mit dem Untersuchungsgegenstand direkt in Kontakt zu sein

Fließgewässer
Gewässer an der Erdoberfläche, das dauerhaft oder zeitweilig fließt

flüssige Polymere
gelartige oder flüssige, künstliche Polymere, die u. a. in der Kosmetik und Pharmazie eingesetzt werden

fossile Energiequellen
Energiequellen, die auf in der Erdgeschichte abgelagertem, totem biologischen Material basieren; z. B. Erdöl, Kohle

fragmentieren
in kleinere Bestandteile zerfallen

Fragmentierung
Prozess der Zerkleinerung, der Zerfall in kleinere Bestandteile

HELCOM
Helsinki Commission; gemeinsame Kommission von Ostseeanrainerstaaten zum Schutz der Meeresumwelt

Hydrolyse (alt-griech.) hydor = Wasser, lysis = Lösung; Spaltung einer chemischen Verbindung durch Wasser

ingestion
(engl.) Nahrungsaufnahme; hier: die Aufnahme von Plastik über die Nahrung

invasive Arten
(lat.) invadere = einfallen; eingeführte Art, die aufgrund ihrer Ausbreitung ein heimisches Ökosystem beeinträchtigt

Kettenreaktion
chemische Reaktion, die weitere Reaktionen gleichen Typs zur Folge hat

Klärschlamm
fester Abfall aus der Behandlung von Abwasser

Kohlenwasserstoffe
Gruppe von Stoffen, die ausschließlich aus Kohlenstoff und Wasserstoff bestehen; Bsp. Ethen

Konglomerat
Gemisch oder Zusammenballung

Konzentration
Menge eines Stoffes im Verhältnis zum Volumen eines Gemisches; Bsp. Mikroplastik je Liter Wasser

Kreislaufwirtschaft
Konzept einer Wirtschaftsform mit dem Ziel, durch den wiederholten Einsatz von Produkten Rohstoffe zu erhalten und Abfälle zu vermeiden

Kreislaufwirtschaftsgesetz
zentrales Gesetz des dt. Abfallrechts zur Schonung der natürlichen Ressourcen

Laborexperiment
von Forschenden gesteuertes Experiment, das nicht zwangsläufig den Bedingungen in der Umwelt entspricht

Makroplastik
(alt-griech.) makros = groß; Plastikmüll einer Größe von mehr als 2,5 cm

Manta-Trawl
wissenschaftliches Schleppnetz, hier: eingesetzt zur Beprobung von Plastik in der Umwelt

marin
die Meere bzw. die Ozeane betreffend

MARPOL 73/78 – Annex V
internationales Abkommen zum Verbot der Entsorgung von Abfällen auf dem Meer

Meeresschnee
Niederschlag kleinster Partikel im Meer, die vor allem aus Resten abgestorbener Tiere und Pflanzen, z. B. Plankton, bestehen

Mehrweg-
siehe Mehrweg-Plastik

Mehrweg-Plastik
für den mehrfachen Gebrauch vorgesehene Plastikprodukte, die nach Nutzung gereinigt und wiederverwendet werden

Mesoplastik
(alt-griech.) mesos = Mitte; Plastikmüll einer Größe von 5 mm bis kleiner 2,5 cm

Mikroorganismen
Kleinstlebewesen, Bsp. Bakterien

Mikroplastik
(alt-griech.) mikros = klein; Plastikmüll einer Größe von 0,001 mm bis kleiner 5 mm

Modelle
vereinfachte Abbildung der Wirklichkeit; häufig zur Berechnung und Vorhersage von Prozessen und Zuständen in der Umwelt eingesetzt, z. B. für Plastikkonzentrationen im Meer

Molekül
Teilchen aus zwei oder mehr Atomen

Molekülketten
Verbindung von sich wiederholenden Molekülen, die i. d. R. sehr stabil sind

Molekülmasse
Summe der Atommassen eines Moleküls

Monomer
(alt-griech.) mono = einzel, meros = Teil; kleine Moleküle, die Grundbausteine von Polymeren sind

Nahrungskette
Modell zur Beschreibung von Nahrungsbeziehungen verschiedener Arten, das i. d. R. aus fressen und gefressen werden besteht

Nanoplastik
(alt-griech.) nanos = Zwerg; Plastikmüll einer Größe von 0,001 μm bis kleiner 1 μm

Nilrot
lipophiler, d. h. fettliebender, Farbstoff, der in Plastikforschung zur Markierung von Plastikpartikeln eingesetzt wird

Nordpazifischer Müllstrudel
Begriff für ein Gebiet im Nordpazifik, in dem sich aufgrund von Meeresströmungen viel Plastikmüll sammelt

Oberflächenabfluss
oberflächlicher Abfluss von Wasser aufgrund von Niederschlag

ökologisch
Beziehungen zwischen Umwelt und Lebewesen betreffend

OSPAR
Oslo-Paris-Vertrag; internationales Abkommen zum Schutz der Nordsee und des Nordostatlantiks

oxidative Degradation
Zersetzung/Abbau eines Materials durch die Einwirkung von Sauerstoff

Partikelform
Kategorisierung von Plastikpartikeln hinsichtlich ihrer Form, Bsp. Faser oder Fragment; hat auch Einfluss auf das Verhalten eines Plastikpartikels in der Umwelt

Persistente organische Schadstoffe
POPs; langlebige auf Kohlenstoff basierende Stoffe, die in der Umwelt

nur langsam abgebaut werden und schädliche Auswirkungen haben können

Photodegradation
Zersetzung/Abbau durch die Einwirkung von Licht, i. d. R. Sonnenlicht

Phthalate
Stoffgruppe, die bei der Plastikherstellung als Weichmacher eingesetzt werden, um das Plastik flexibler zu machen

Pigmente
Partikel, die zur Färbung eingesetzt werden

Plastikkonzentration
siehe Konzentration

Plastikpartikel
hier: kleine Plastikteilchen

Polyaddition
chemische Reaktion, die zur Polymerbildung führt

Polyamid
PA; Kunststoff, der z. B. unter dem Handelsnamen Nylon bekannt ist

Polyethylen
PE; weltweit häufigster Kunststoff, der z. B. für Verpackungen eingesetzt wird

Polyethylenterephthalat
PET; Kunststoff, der z. B. als Trinkflasche eingesetzt wird

Polykondensation
chemische Reaktion, die zur Polymerbildung führt

Polymer
(alt-griech.) poly = viel, meros = Teil; große Moleküle, die aus sich wiederholenden Grundbausteinen (Monomere) bestehen

Polymerisation
chemische Reaktion, die zur Polymerbildung führt

Polymerketten
sich wiederholende Verbindung von Monomeren

Polymethylmethacrylat
PMMA; Kunststoff, der z. B. als Plexiglas eingesetzt wird

Polyolefine
Gruppe von Kunststoffen, die Polyethylen und Polypropylen umfasst

Polypropylen
PP; weltweit zweithäufigster Kunststoff, der z. B. als Babyflaschen eingesetzt wird

Polystyrol
PS; Kunststoff, der häufig in geschäumter Form als Styropor eingesetzt wird

Polyurethan
PUR; Kunststoff, der z. B. in Klebstoffen eingesetzt wird

Polyvinylchlorid
PVC; Kunststoff, der z. B. als Fußbodenbelag eingesetzt wird

POPs
(engl.) Persistent Organic Pollutants, siehe Persistente organische Schadstoffe

primäres Mikroplastik
Mikroplastik, das direkt in kleiner Form (kleiner als 5 mm) produziert wurde, z. B. für Kosmetikprodukte

Pyrolyse
(alt-griech.) pyr = Feuer und lysis = Lösung; Verfahrung zur Lösung/Zersetzung eines Stoffes durch Verbrennung

Rauigkeit
Begriff aus der Meteorologie; beschreibt Unebenheiten einer Fläche, also auch deren Windwiderstand

Rezyklat
durch Recycling aufbereiteter Plastikabfall

Recycling
Abfallverwertung, bei der die Ausgangsstoffe bzw. deren Bestandteile wiederverwendet werden

Recyclingquote
Anteil wiederverwendeter Rohstoffe/Materialen an z. B. allen in derselben Stoffgruppe entsorgten Rohstoffen/Materialien

Sammelprobe
hier: Probe, bei der das gesamte zu untersuchende Material für die weitere Untersuchung mitgenommen wird, ohne dass vor Ort schon eine Sortierung stattfindet

Sand- und Kiesfilterflächen
Anlagen zur Filterung von Schmutzwasser durch die Nutzung von Sand oder Kies

Schwermetalle
natürlich vorkommende Elemente, deren Vorkommen durch den Einfluss des Menschen teilweise deutlich erhöht wurde, mit teils schädlichen Auswirkungen

Sediment
von Gesteinen abgelöstes Material, das durch die Umwelt transportiert und anschließend an anderer Stelle abgelagert wurde

Sedimentbohrkern
Methode zum Beproben von Sedimenten, bei der die Reihenfolge der einzelnen Schichten nicht verändert wird

sekundäres Mikroplastik
Mikroplastik, das durch den Zerfall ursprünglich größerer Plastikobjekte in der Umwelt entsteht

Spektroskopie
Gruppe von Verfahren, die Strahlung (z. B. Licht) nutzen, um Informationen über einen Untersuchungsgegenstand zu gewinnen

Stabilisatoren
hier: Additive, die Kunststoffe resistenter gegenüber Umwelteinwirkungen, zum Beispiel UV-Strahlung, machen

stoffliches Recycling
Verfahren in der Abfallverwertung, bei dem Rohstoffe eines Produkts erhalten bzw. wiederverwendet werden sollen

Strandmüllmonitoring
Untersuchung von Müll an Stränden nach bestimmten Regeln, das in regelmäßigen Zeitabständen durchgeführt wird

Teflon
Polytetrafluorethylen, PTFE; Kunststoff, der z. B. als Beschichtung von Bratpfannen eingesetzt wird

terrestrisch
das Festland betreffend

thermische Degradation
Zersetzung/Abbau durch erhöhte/hohe Temperaturen

Toxizität
Giftigkeit

toxisch
giftig

UV-Strahlung
Strahlung einer bestimmten Wellenlänge, die für das menschliche Auge nicht sichtbar ist

Verpackungsgesetz
Gesetz zur Reduzierung/Regelung von Verpackungsabfällen

Verpackungsverordnung
Verordnung zur Regelung von Verantwortlichkeiten in der Entsorgung von Verpackungen

Verwitterungsbeständigkeit
Widerstandsfähigkeit von Materialien, hier: Plastik, gegenüber Umwelteinflüssen, z. B. UV-Strahlung

Wassersäule
Wasserschichten unterhalb, aber einschließlich der Wasseroberfläche

Zellulose
biologisches Molekül, das Hauptbestandteil von Pflanzen ist

Printed in the United States
by Baker & Taylor Publisher Services